知識ゼロからの

孫子の兵法入門

弘兼憲史 *Kenshi Hirokane*

経営コンサルタント
前田信弘 *Nobuhiro Maeda*

幻冬舎

はじめに

『孫子』は、今から二千五百年ほど前の兵法書であり、現代にも読みつがれる優れた古典である。

本書は孫子の兵法の入門書であるが、古典としての『孫子』入門ではなく、その戦略・戦術等をビジネスに活かす方法などを解説したものである。『孫子』は、ビジネス・経営の参考書として、現代でも新鮮に読むことができ、現代社会においても大いに役立つものである。

本書は『孫子』のなかから、とくにビジネス・経営に役立つと思われる部分を取り上げ、ビジネスに置き換えて考えるとどうなるかなどをやさしく解説した。仕事や日々の生活に役立てていただければ幸いである。


なお、本書の読み下し文は、『孫子』金谷治（岩波書店）によります。また、訳は『孫子』金谷治（岩波書店）、『孫子の兵法』守屋洋（三笠書房）、『孫子』浅野裕一（講談社）を参考にさせていただきました。この場を借りて感謝申し上げます。

ギュ

お願いします
成功する秘訣を
教えてください

第五章回「勢篇」
～集団の力を発揮・勢いに乗る

第六章回「虚実篇」
～主導権を握る・柔軟に変化

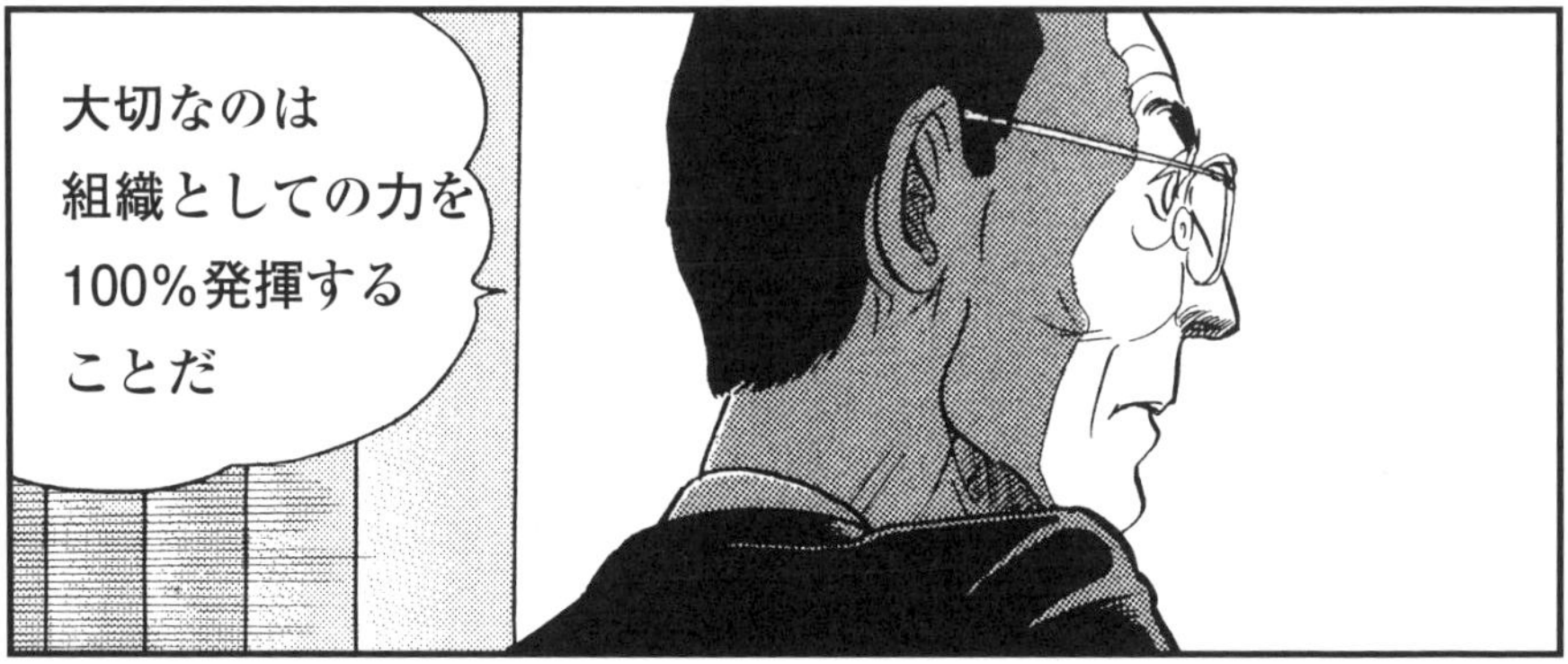

わが社の営業マニュアルは
類いまれに見る
クオリティだが
それを
鵜呑《うの》みにするようでは
ダメだ

へへへ　功績上げたから
ボーナス上げてくださいね
おう！
まかせとけ！

どうだ
ビジネスに
活かせそうか?
はい!

『孫子』とは?

—その魅力と影響—

『孫子』は、今から二千五百年前ほど前の中国、春秋時代の末に呉《ご》王闔廬《こうりょ》に仕えた孫武《そんぶ》が書き記したと伝えられている。中国最古でかつ最も優れた兵法書といわれる。

兵法書であるから、戦争に勝つための戦略や戦術を追究するものだが、『孫子』の価値は古い兵法書としての価値にとどまらない。戦争技術を超えて人生の問題などとしても読むことができ、かつ時代や地域を超えた普遍性を備えている。そこに『孫子』の魅力があるといえよう。その魅力ゆえ『孫子』は二千五百年にわたって読みつがれ、その影響は大きく、中国にとどまらず、広く日本やヨーロッパにまで及んでいるのだ。

◆春秋時代の中国◆

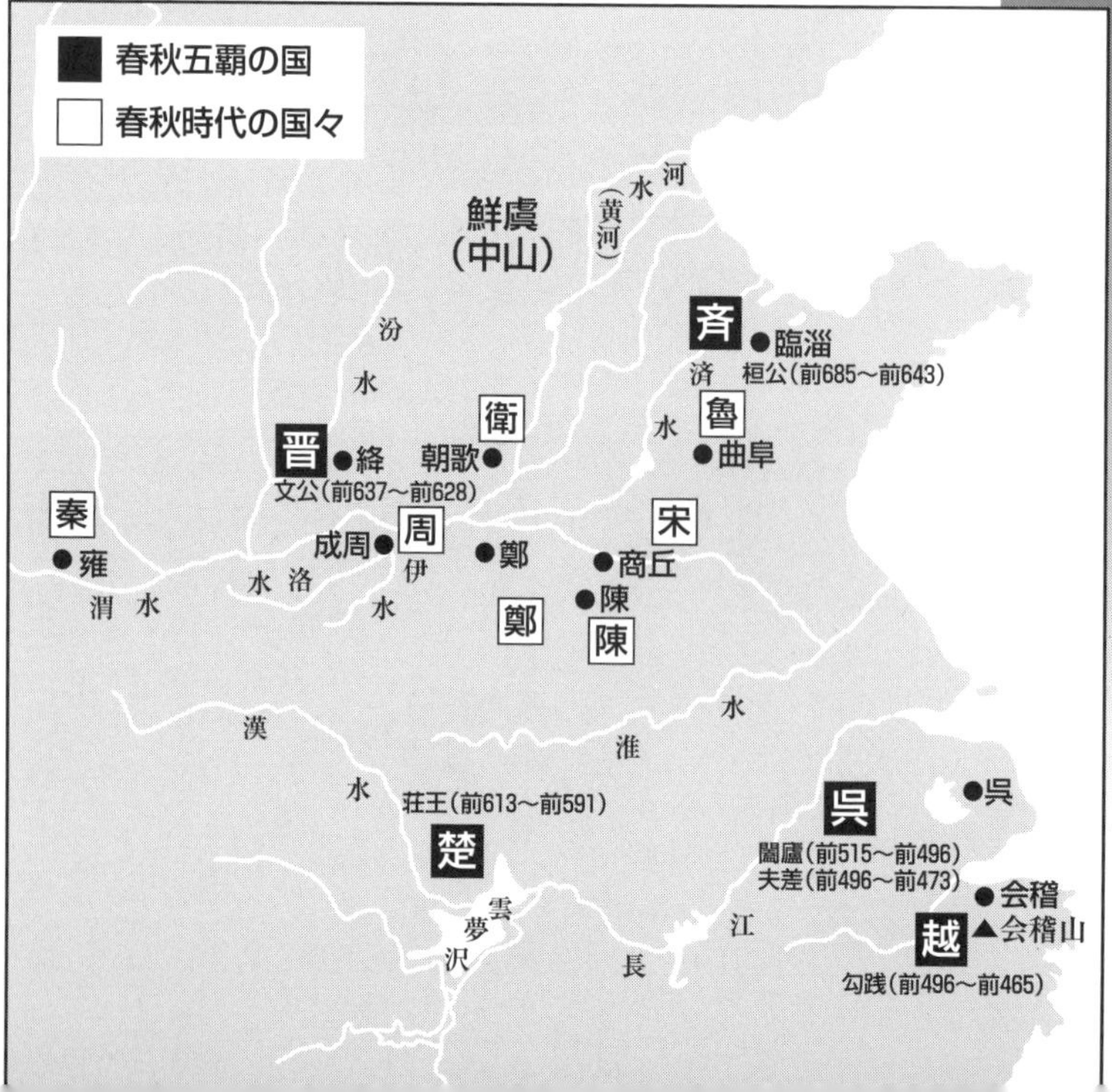

『孫子』〜十三篇から成る構成

計篇	序論にあたる。戦争の前には熟慮すべきことを説く
作戦篇	戦争を始めるにあたっての軍費などの問題を述べる
謀攻篇	戦わずして勝つ。謀略によって敵を攻略すべきことを説く
形篇	攻守の態勢について述べ、無理なく勝利すべきことを説く
勢篇	軍の勢いによって勝利すべきことを説く
虚実篇	敵の虚を突く。戦争の主導権を握ることを説く
軍争篇	敵に先んじて戦場に到達する戦術を説く
九変篇	臨機応変の対処法を説き、将たる者の務めを述べる
行軍篇	敵情把握など行軍に必要なことを述べる
地形篇	地形に応じた戦い方と軍の統率について述べる
九地篇	九種の地勢における戦い方と兵士に決戦を促す方法を説く
火攻篇	火攻めについて述べるとともに戦争に対する慎重な態度の必要性を説く
用間篇	スパイを活用し、敵情を探ることの重要性を説く

●『孫子』の影響

『孫子』の影響は大きく、中国はもちろん日本やヨーロッパにも及んでいる。たとえば、中国では『三国志』の英雄として知られる魏《ぎ》の曹操《そうそう》が熱心に研究したことが知られている。ヨーロッパでは、フランスのナポレオンが『孫子』を愛読したと伝えられ、日本では戦国武将の武田信玄が、「風林火山」の四文字を『孫子』から借りてその旗印にしたことが有名だ。

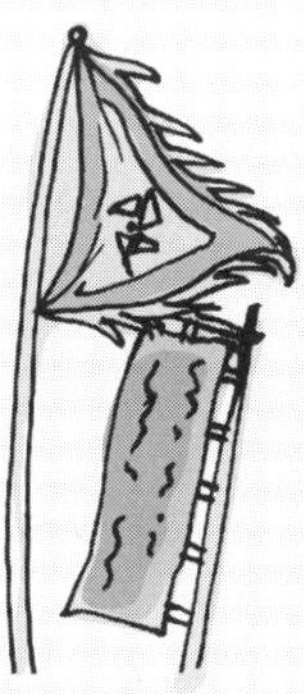

●二人の孫子

実は、孫子と呼ばれる兵法家は二人いた。一人は孫武《そんぶ》。もう一人は戦国中期の斉の孫臏《そんぴん》である。孫臏は百数十年を隔てた孫武の末裔《まつえい》であるという。彼も兵法家として活躍し、『孫臏兵法』を残している。

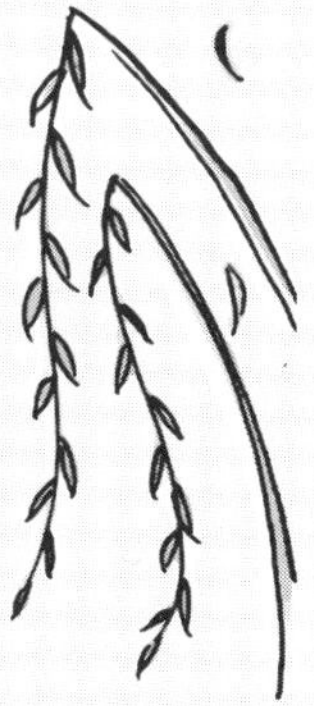

ビジネスに活かす孫子の兵法

―苦境のときこそ『孫子』に学べ―

『孫子』は、ビジネスや経営戦略の書として、今も新鮮に読むことができる。なぜなら、『孫子』の兵法は、ビジネス社会を生きるための実践的な知恵が説かれているともいえるからだ。そして、『孫子』の柔軟な思考は、現代社会にも求められるものであり、『孫子』の戦略や戦術はさまざまな場面で活用できるものなのだ。

ある意味、ビジネスは戦い、人生も戦いといえよう。だから、よいときばかりではない。厳しい状況、苦しい立場に立たされることもある。そんなときこそ『孫子』に学び、苦境を乗り切っていくのだ。

苦境のときこそ『孫子』に学べ

どうやってこの苦境を乗り切ればいいいんだろう?
孫子…ですか?
そうだ 孫子の兵法はビジネスの戦略としても活用できる
きっと役に立つはずだ

さまざまなビジネスシーンで活かす孫子の兵法

交渉時の駆け引き

経営戦略

リーダーの心構え・役割

第一章「計篇」

◉決断・行動の前に
◉確かな見通し

- 勝負のときには、よくよく考える
- 行う前にチェックせよ！　五事七計
- ビジネスの極意！　交渉時の駆け引き
- 交渉では相手の意表をつくことも必要
- ビジネスは確かな計算のもとに行う

交渉には駆け引きが必要だ

決断・行動の前に

確かな見通し

回勝負のときには、よくよく考える

「兵とは国の大事なり、死生の地、存亡の道、察せざるべからざるなり」

訳 戦争とは国家の重大事である。国民の生死、国家の存亡がかかっているから、熟慮しなければならない

『孫子』の冒頭のことばであり、戦う前によく考えることの重要性を説いている。戦争となると、重大な犠牲を払うことになり、国の存亡にもかかわってくるので、慎重に検討しなければならない。現代のビジネスにおいても、重大局面を迎えることがある。新規事業・分野への進出、事業拡大、新会社の設立、合併・買収、あるいはビジネスマンなら転職や独立・開業などだ。いわゆる「勝負のとき」という場面では、有能なビジネスマンや優れた経営者ほど慎重になる。大きく舵をとるときには熟慮しなければならないのだ。

重大な局面では慎重に検討

わが社は
ついに
重大な局面を迎えた
慎重に検討
しなければならない
今こそ
勝負のときですね

重大局面での検討事項は？

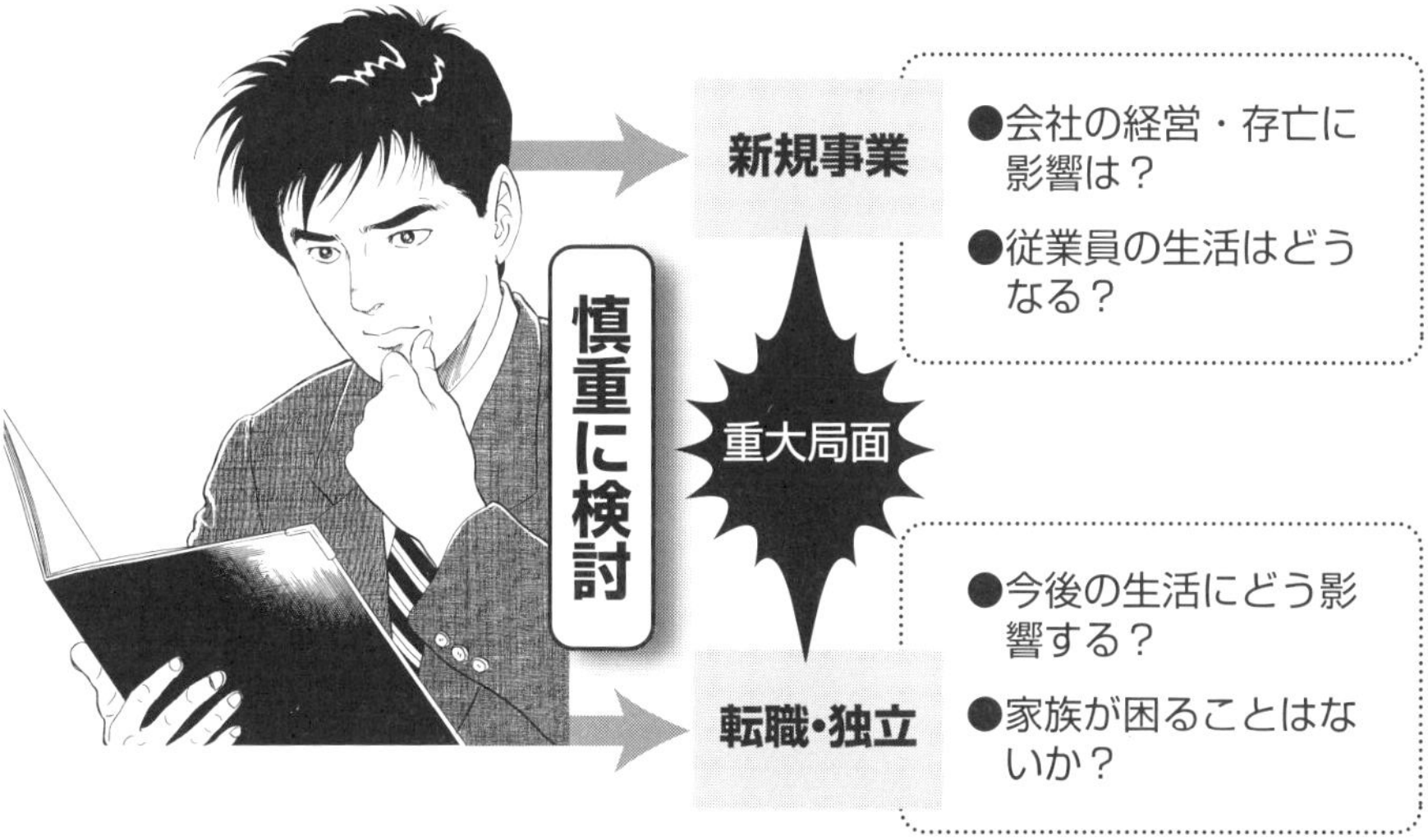

「重大局面ではよく考えよ」ごく当たり前のことのようだが、
冒頭でこのことを説く意義は大きい。
では、この問題をどのように検討していけばよいのか？
『孫子』で述べる検討・判断の基準については次項で紹介する。

読み下し文

孫子曰《い》わく、**兵とは国の大事なり、死生の地、存亡の道、察せざるべからざるなり。**

ビジネスに活かす 孫子の教え

重大局面、いわゆる「勝負のとき」には、慎重に検討する必要があるのだ。

「一に曰《い》わく道、二に曰わく天、三に曰わく地、四に曰わく将、五に曰わく法なり」

訳 戦力の優劣を判定する鍵は、道、天、地、将、法の五項目である

戦争は国の重大事であるから、慎重に検討しなければならない。『孫子』では「五事」と「七計」によって検討・判断すると述べている。「五事」とは、五つの基本事項、「七計」とは七つの基準。まずは五つの基本事項に照らし合わせて検討し、さらに七つの基準に当てはめ判断する。客観的な事実にもとづいて冷静に検討し、事前に勝敗を判断するというわけだ。ビジネスにおいても、重大局面では慎重に検討しなければならない。成功するか失敗するかは、客観的な事実によって計られる。勝算が得られた場合こそ実行するのだ。

五事七計をチェック

五事

- ●道…国民と君主の心をひとつにさせる政治的なあり方
- ●天…気温や時節などの自然界のめぐり
- ●地…距離、険《けわ》しさ、広さや高低などの土地の条件
- ●将…知力、威信、仁慈、勇敢、威厳など将軍の人材
- ●法…軍隊の編制の法規などの軍制

← この五つが整っているか

七計

- ●君主はどちらが人心を得ているか
- ●将軍はどちらが有能か
- ●天と地がもたらす利点はどちらが得ているか
- ●法令はどちらが徹底されているか
- ●軍隊はどちらが強いか
- ●兵士はどちらがよく訓練されているか
- ●賞罰はどちらが公正に行われているか

← この七つで相手と比較

五つの基本事項「五事」を現代にたとえる

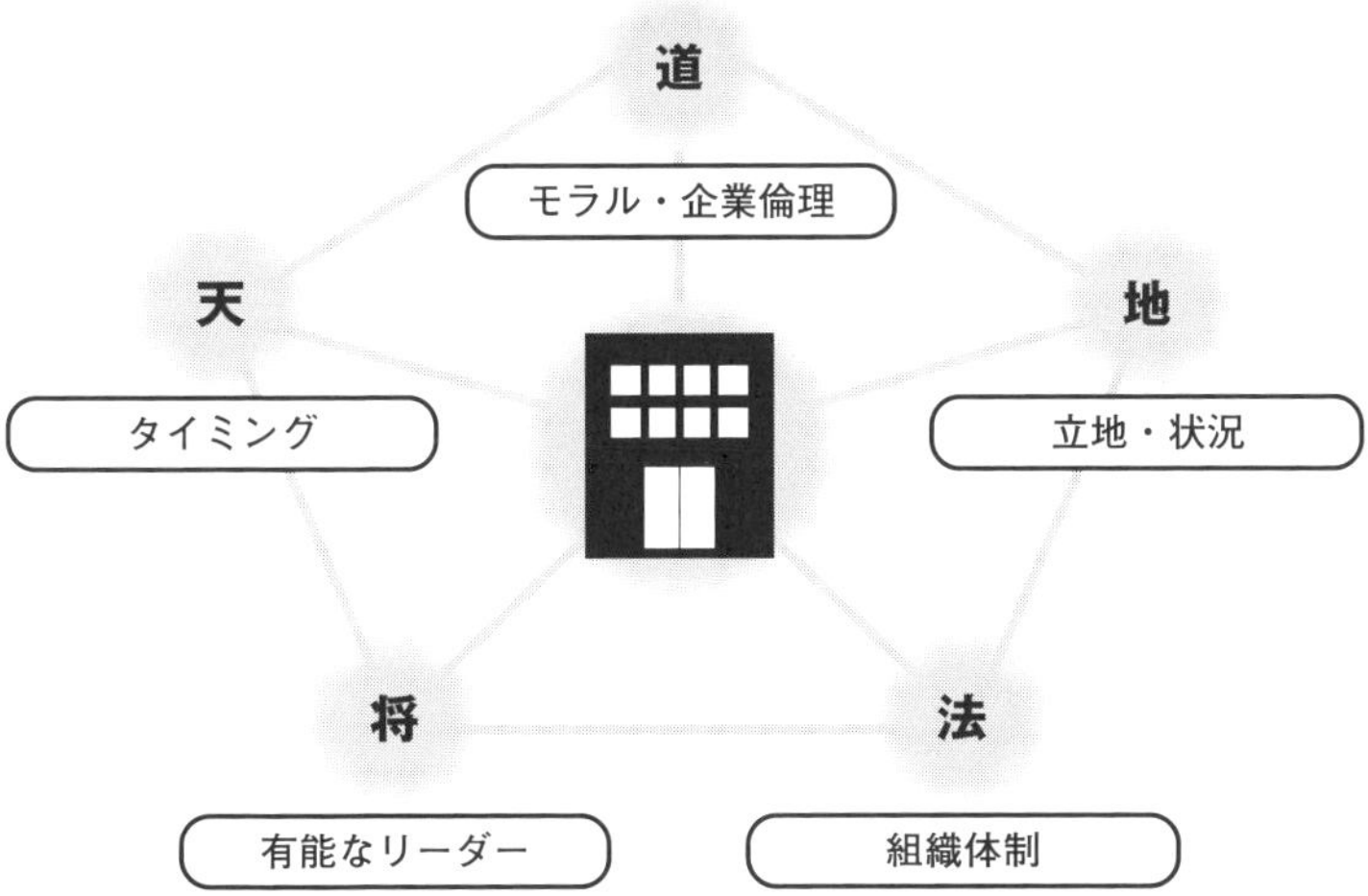
道
モラル・企業倫理
天
タイミング
地
立地・状況
将
有能なリーダー
法
組織体制

現代では、「道」とは「モラル」、企業でいえば企業倫理、社会的責任などになるだろう。「天」は事業のタイミングやビジネスチャンス、「地」は立地条件または置かれた状況。「将」は優れたリーダー・有能な経営陣、「法」はしっかりとした組織体制・組織管理と考えられる。

読み下し文

故にこれを経《はか》るに五事を以《もっ》てし、これを校《くら》ぶるに計を以てして、其の情を索《もと》む。一に曰《い》わく道、二に曰わく天、三に曰わく地、四に曰わく将、五に曰わく法なり。

ビジネスに活かす 孫子の教え

客観的な事実によって事前に検討・判断し、勝算が得られた場合こそ実行するのだ。

「兵とは詭道《きどう》なり」

訳　戦いとは、だます行為（敵を欺く行為）である

「詭道《きどう》」とは、相手をいつわり欺くやり方。正常な戦法とは違った、相手の裏をかく戦法のことだ。

ビジネスでは営業、提案、折衝、説得などの交渉がつきもの。だが、相手をだますことは許されない。ただし、交渉の場面では、駆け引きが大事。相手を揺さぶることも、ときには必要となる。そして、駆け引きの状況に応じて臨機応変に行動することが大切なのだ。

交渉は駆け引きが大事

この条件で
どうでしょうか
御社にとっても
悪い話ではないはず
たしかに悪い話ではない
だが…
どう駆け引きすべきか？

『孫子』の「詭道」とは？

できるのにできないふりをする（強いのに弱く見せる）
●
必要なのに不必要と見せかける（勇敢でも臆病に見せる）
●
遠ざかると見せかけ近づく・近づくと見せかけ遠ざかる
●
有利と思わせ誘い出す
●
混乱させて突き崩す
●
充実している敵には備えを固める
●
強力な敵には戦いを避ける
●
わざと挑発して消耗させる
●
低姿勢に出て油断を誘う（驕《おご》り高ぶらせる）
●
休養十分な敵は疲れさせる
●
団結している敵は分裂させる

有利に見せる

低姿勢に出る

読み下し文

兵とは詭道《きどう》なり。故に、能《のう》なるもこれに不能を示し、用なるもこれに不用を示し、近くともこれに遠きを示し、遠くともこれに近きを示し、利にしてこれを誘い、乱にしてこれを取り…

ビジネスに活かす 孫子の教え

ビジネスに交渉はつきもの。交渉では、相手を揺さぶる「したたかな駆け引き」が大事なのだ。

回 交渉では相手の意表をつくことも必要

「其《そ》の無備を攻め、其の不意《い》に出ず」

訳 敵の手薄につけこみ、敵の意表（不意）をつく

前項に続いて『孫子』では、「詭《き》道《どう》」として「相手の守っていないところを攻めて、意表をつく」と述べている。これは、さまざまな交渉の場面でいえること。

相手の意表をつくこととは、たとえば相手が予想していないことを提案するなどだ。営業・交渉は、ある意味、心理戦。相手の意表をつくことは、相手の心をつかみ、交渉を有利に進める効果を生む。そのためには、常識にとらわれない発想が大切といえよう。

相手の意表をつく

ズバリ
今回は
新しいご提案を…

相手の意表をつく発想が、有利な交渉につながる！

えっ！
そう来るとは…
まったく予想して
いなかった

交渉の場面では

直球勝負だけではなく、ときには変化球も必要。変化球で相手を揺さぶり、交渉を有利に進めるのだ。そのためには常識にとらわれない柔軟な発想が大事といえよう。

読み下し文

…実にしてこれに備え、強にしてこれを避け、怒にしてこれを撓《みだ》し、卑にしてこれを驕《おご》らせ、佚《いつ》にしてこれを労し、親《しん》にしてこれを離す。**其《そ》の無備を攻め、其の不意に出《い》ず。**此《こ》れ兵家の勢《せい》、先きには伝うべからざるなり。

ビジネスに活かす 孫子の教え

交渉の場面では相手の意表をつくことが有効。意表をついて交渉を有利に進めるのだ。

「算多きは勝ち、算少なきは勝たず」

訳 相手よりも勝算が多ければ勝利するし、勝算が少なければ敗北するのである

勝算がなければ戦わないというのが『孫子』の基本的な考え方だ。ビジネスでも、この考え方があてはまる。勝算、つまり成功する見込みはあるのか、それをしっかりと計算することが大事なのだ。そのビジネスが成功するかどうかを事前にしっかりと計算する。計算の結果、成功する可能性が高ければ実行し、成功の可能性が低ければ実行せずに再検討を。計算をせずにやみくもに行うと失敗する。日々の仕事・行動も同じこと。「やってみなければわからない」などと無謀なことは、行ってはならない。

しっかりと計算すること

「やってみなければわからない」は無謀なこと。

実行は勝算の見通しを立ててから！

ビジネスを実行するかどうか？ → そのビジネスが成功するかどうか計算 → 計算の結果

- 成功する見込みが**高い** → **実行する**
- 成功する見込みが**低い** → **実行しない** / **計画の練り直し**

シミュレーション → 成功の確率は？

読み下し文

…算を得ること少なければなり。**算多きは勝ち、算少なきは勝たず。**而《しか》るを況《いわ》んや算なきに於《お》いてをや。吾《わ》れ此《こ》れを以《もっ》てこれを観るに、勝負見《あら》わる。

ビジネスに活かす 孫子の教え

ビジネス（仕事）を行うにも、しっかりとした計算が必要。「やってみなければわからない」などと無謀なことをしてはならないのだ。

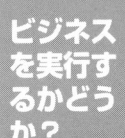

◎第二章◎「作戦篇」

◎短期集中
◎勝負の見切り

- 短時間に集中！
  短い時間で高い効果を上げる！
- コスト削減の工夫
- ビジネスは短期決戦で！

短期集中

えー 今回の
キャンペーンの期間は
一週間と 短期決戦に
なっております
ハツシバレディーの皆さんの
力を借りて短期集中で
一気に売り上げを
伸ばしたいと思います

勝負の見切り

事態が悪化していますが
やるだけやってみましょう
アホか！
失敗しそうなときは
早めに手を引くんや！

回 短時間に集中！ 短い時間で高い効果をあげる！

「兵は拙速《せっそく》なるを聞くも、未だ巧久《こうきゅう》なるを睹《み》ざるなり」

訳 戦いには拙速（すばやく切り上げる）というのはあるが、長引いて成功した例はない

戦いはすばやく切り上げること。これはビジネスでも同じだ。ダラダラと時間をかけると、仕事に取り組む気力も体力も衰えてくる。だから結果的によい仕事ができない。また、失敗しそうなときには早めに手を引くことをも意味する。不振の事業からは早めに撤退すべきで、すばやく切り上げなければ傷を深くすることになる。

すばやく切り上げることで最も身近な例は「会議」だろう。ダラダラ続く会議は時間の無駄。スピードが重要なビジネスの現場で、長い会議ほど効率の悪いものはないのだ。

仕事はスピーディーに

お先に失礼します

ダラダラと時間をかけない。

失敗しそうなときは早めに撤退

○×事業が不振だ 売り上げが落ち込む一方だ
早めに撤退しよう

不振の事業からは早めに撤退。

長い会議ほど無駄なことはない

無駄な会議とは…

目的が明確ではないので議論が迷走
決まったことへの意思統一がない
決まったことが実行されずに終わる
1時間半もかけて結局何も決まらなかったじゃないか！時間のムダだ、無駄！

読み下し文

故に**兵は拙速《せっそく》なるを聞くも、未だ巧久《こうきゅう》なるを睹《み》ざるなり。**夫《そ》れ兵久しくして国の利する者は、未だこれ有らざるなり。故に尽々《ことごと》く用兵の害を知らざる者は、則ち…

ビジネスに活かす 孫子の教え

仕事はスピーディーに。ダラダラと時間をかけない。失敗しそうなときには、早めに撤退するのだ。

回コスト削減の工夫

「用を国に取り、糧を敵に因《よ》る」「智将は務めて敵に食《は》む」

訳　装備は自分の国のものを使うが、食糧は敵地で調達する／優れた将軍は食糧を敵地で調達する

『孫子』では補給の重要性を説いている。戦争では多くの食糧や物資などを必要とする。現地調達によって経費を抑えることが大切だ。これは利用できるものは利用すること、ともいえよう。

　このことは、ビジネスにおいてはコストの問題となるだろう。つまり、経費の削減だ。ビジネスでは、コストを抑えるさまざまな工夫が求められる。利用できるものは利用する。そのことが、コスト削減だけではなく、無駄を省き、効率をあげることにもつながるのだ。

物資は現地調達で

現地で調達できるものは現地のものでまかなう。
人もモノも、利用できるものは利用するのだ。

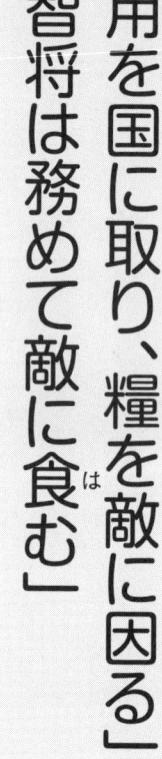

コスト削減の努力

節電もコスト削減の大事なひとつだ
ちゃんと電源切っておけよ

そういうあなたが一番無駄な経費じゃないの

節電、節水など、光熱費削減は意外とバカにできない。
また、内部向けの資料は裏紙を使用するなど、日頃からコスト削減を心がけよう。

読み下し文

善く兵を用うる者は、役《えき》は再びは籍《せき》せず、糧は三《み》たびは載《さい》せず。**用を国に取り、糧を敵に因《よ》る。**……

故に、**智将は務めて敵に食《は》む。**敵の一鍾《いっしょう》を食むは、吾が二十鍾に当たり、萁秆《きかん》一石《いっせき》は、吾が二十石に当たる。

ビジネスに活かす 孫子の教え

コストを抑える工夫が大切。利用できるものは利用するのだ。

回ビジネスは短期決戦で！

「兵は勝つことを貴ぶ。久しきを貴ばず」

訳 戦争はすみやかな勝利が大事であり、泥沼化・長引くのは避けなければならない

『孫子』では戦争の長期戦を避けることが強調されている。つまり戦争は早く終結させろということだ。

ビジネスにおいても長期戦は避け、短期戦で挑むことが望まれる。ひとつの仕事だけに長期間・長時間を費やして、たとえ成功したとしても、そのぶん多くのコストをかけてしまっていることになる。コスト以外にも時間のかけすぎによる弊害はいろいろとあるのだ。

仕事は短期決戦で臨む！

アプローチしたら一気に決着を！

ひとつの仕事だけに時間を費やさない。ビジネスチャンスは短期決戦でつかもう。

長期戦の弊害

勝つことを貴ぶ
久しきを貴ばず
…か

とりあえず
成功した
ものの…

もっと前に気づけば
よかった　大きな
チャンスを逃したかも…

たとえば、3年間、ひとつの仕事だけに費やした場合

↓

3年分のコスト

＋

ほかの仕事に目がいかない

↓

場合によっては、ビジネスチャンスを逃しているかもしれない

ビジネスに活かす **孫子の教え**

ひとつの仕事だけに時間をかけすぎない。短期決戦で臨むことが大切なのだ。

読み下し文

故に**兵は勝つことを貴ぶ。久しきを貴ばず。**故に兵を知るの将は、民の司命、国家安危の主なり。

第二章「謀攻篇」

◎戦わずして勝つ
◎成功のテクニック

- ●ライバルと対立関係になった場合は？
- ●戦わずして目的を達成する！
- ●突っ込んでいくだけではなく、ときには退くことも
- ●上司と部下の信頼関係が重要
- ●成功のための五つの要点
- ●自分を知り、相手を知ること。そうすれば必ず勝てる！

ありがとう
俺は何もしていないが
今期最高の売り上げだ
戦わずして勝つとは
まさにこのことだな
ハハハ

戦わずして勝つ

ライバル会社との競争…か
無理をしてたとえ勝ったとしても利益は薄い戦わずして勝つ方策を考えたほうが賢明だな

成功のテクニック

五つの要点?
そうだ成功のポイントとなることが五つある

回ライバルと対立関係になった場合は？

「用兵の法は、国を全《まっと》うするを上《じょう》と為《な》し、国を破るはこれに次ぐ」

訳 戦争のしかたというのは、敵国を痛めつけないで降伏させるのが上策である。撃滅してしまうのは次善の策にすぎない

『孫子』では、敵を痛めつけないで勝つことを上策としている。これは職場などの人間関係においても同じことがいえる。複雑な人間関係のなか、ライバルなどと対立してしまうこともあるだろう。ライバルには勝ちたい。しかし、対立したからといって、その相手を痛めつけるようなことを行ってはならない。一時的には対立しても、その後は対立相手と理解しあえるような関係を築くことが大事なのだ。

ライバルには勝ちたい。しかし・・・

中沢君…
あ　いや　中沢社長
俺が気にくわなければ
いつでもクビにしろ
ハラは決まってる

対立相手とも協力関係を築く

クビ?
何を おっしゃいますか 福田さん
たまたま職制上 こうなっただけで あなたはいつまでも 私の先輩社員で 営業実務の師ですよ
営業本部にとって 福田さんは なくてはならない人です これからもどんどん アドバイスしてください
ライバル＝協力者

はじめは対立関係にあっても、後に協力しあえる関係になるかもしれない。

読み下し文

孫子曰《い》わく、凡《およ》そ**用兵の法は、国を全《まっと》うするを上《じょう》と為《な》し、国を破るはこれに次ぐ。**軍を全うするを上と為し、軍を破るはこれに次ぐ。旅《りょ》を全うするを上と為し、旅を破るはこれに次ぐ。

ビジネスに活かす孫子の教え

対立関係にあっても、相手を痛めつけるようなことはしない。理解しあえる関係を築くことが大事なのだ。

「百戦百勝は善の善なる者に非《あら》ざるなり。戦わずして人の兵を屈するは善の善なる者なり」

訳 百回戦って百回勝ったとしても、最善の策とはいえない。戦わないで敵を降伏させることが最善である

前項に引き続いて『孫子』では、「戦わずして勝利することが最善」と強調している。ビジネスにおいても同じだ。ライバルと争わず、戦わずして利益を得ることが大事なのだ。たとえば、競合他社と値下げ競争をして、無理な安売りをする。たとえ競争に勝ったとしても利益はわずかで、場合によっては赤字覚悟ということもあるだろう。そのような競争は避け、競合他社と戦わずに利益を生む方法を考えることが重要なのだ。

安売り競争が会社の体力を消耗させる

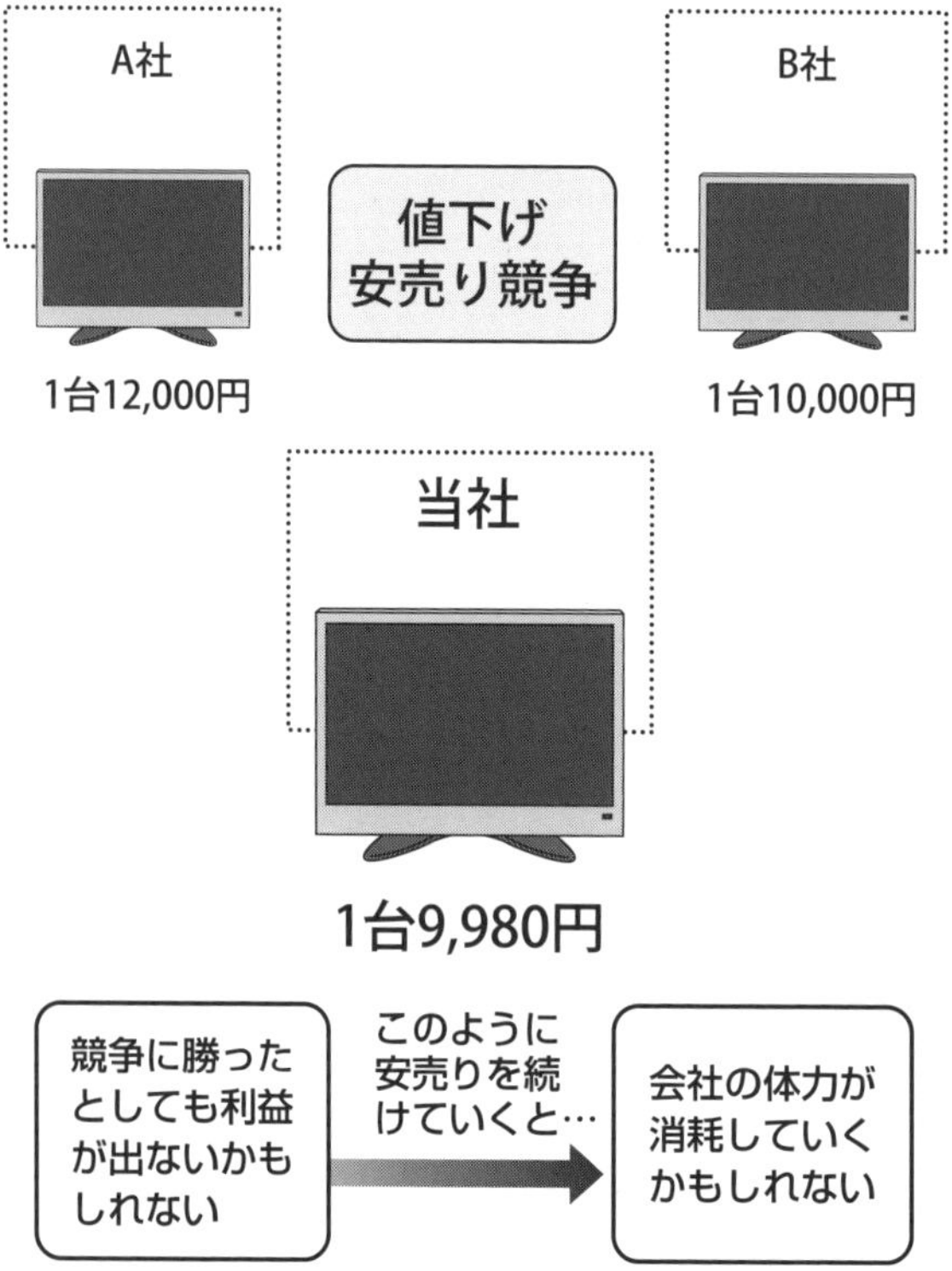
A社
1台12,000円
値下げ
安売り競争
B社
1台10,000円
当社
1台9,980円
競争に勝ったとしても利益が出ないかもしれない
このように安売りを続けていくと…
会社の体力が消耗していくかもしれない

競合他社と争わない方策を考える

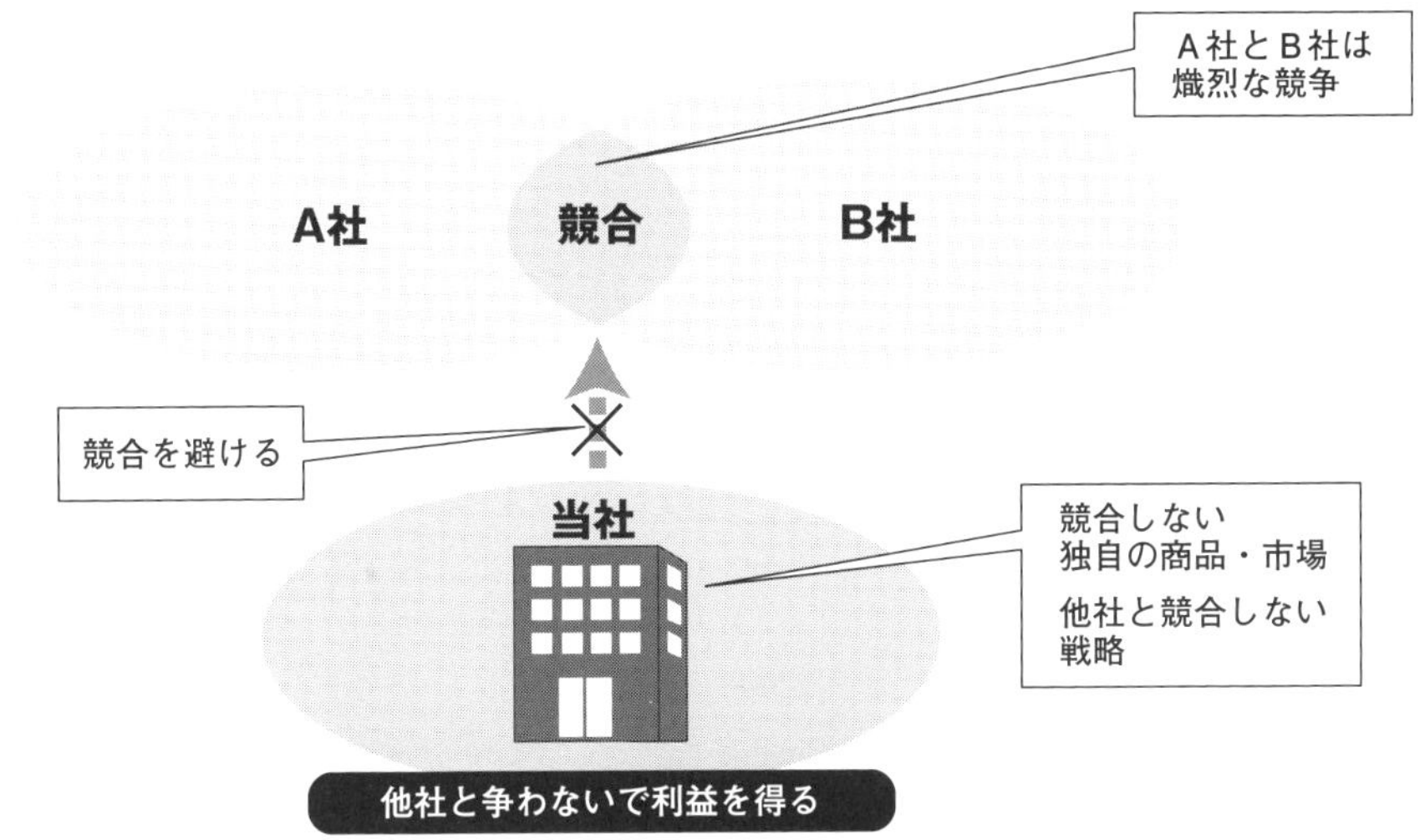
A社とB社は
熾烈な競争
A社
競合
B社
競合を避ける
当社
競合しない
独自の商品・市場
他社と競合しない
戦略
他社と争わないで利益を得る

もうこんな安売り競争はやめよう
他社と競合しない商品を開発すべきだ

読み下し文

…卒《そつ》を破るはこれに次ぐ。伍《ご》を全うするを上と為し、伍を破るはこれに次ぐ。是《こ》の故に**百戦百勝は善の善なる者に非《あら》ざるなり。戦わずして人の兵を屈するは善の善なる者なり。**

ビジネスに活かす 孫子の教え

戦わずに利益を得ることが大事。競合他社と戦わずして、利益を生む方法を考えるのだ。

回突っ込んでいくだけではなく、ときには退くことも

「小敵の堅《けん》は大敵の擒《きん》なり」

訳　小勢《こぜい》なのに強大な敵に戦いを挑めば、敵の餌食（とりこ）になるだけだ

兵力が劣勢なときは無理に突っ込んではいけない。やはり勝算がなければ戦わないということだ。

ビジネスにおいても、自分（自社）の力量、状況などを考え、ときには退くことも必要。むやみに突っ込んでいくだけではダメ。状況が悪いときには無理をせず、いったん退いて、次のチャンスを待つことも大事なのだ。

会社の状況を考え、ときには退くことも

わが社の現状では無理に突き進むべきではない
ここはいったん撤退すべきだ　そして次のチャンスを待とう
はい

『孫子』が説く戦いの原則

自軍の兵力	戦い方
兵力が10倍	→敵軍を包囲する
兵力が5倍	→攻撃する
兵力が2倍	→敵軍を分断する
兵力が互角	→必死に戦う
兵力が少ない	→退却する
力が及ばない	→回避して潜伏する

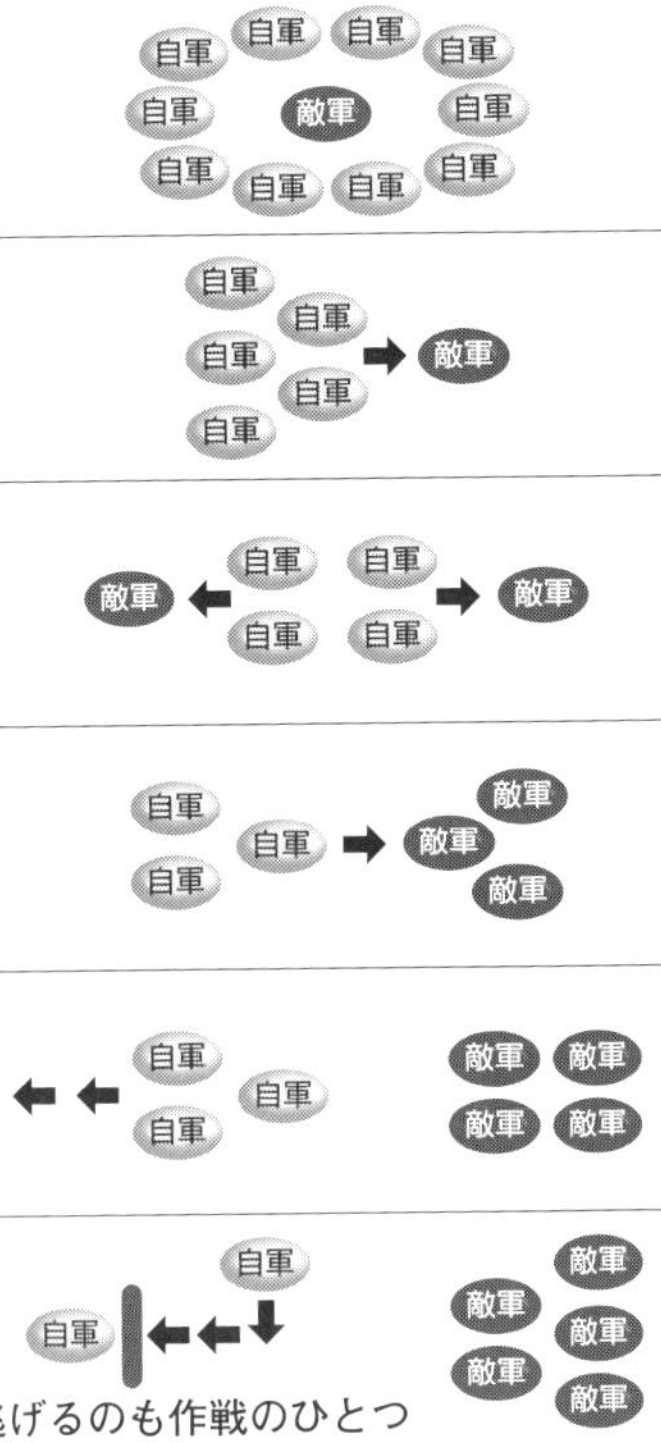
自軍
敵軍
逃げるのも作戦のひとつ

つまり勝算がなければ戦わない。
状況によっては退くことも必要

ビジネスに活かす 孫子の教え

突っ込んでいくだけではダメ。ときには退くことも必要。そして次のチャンスを待つのだ。

読み下し文

…倍すれば則ちこれを分かち、敵すれば則ち能《よ》くこれと戦い、少なければ則ち能くこれを逃れ、若《し》かざれば則ち能くこれを避く。故に**小敵の堅《けん》は大敵の擒《きん》なり**。

回 上司と部下の信頼関係が重要

「将は国の輔《ほ》なり。輔周《しゅう》なれば則ち国必ず強く、輔隙《げき》あれば則ち国必ず弱し」

訳 将軍は君主の補佐役である。補佐役と君主の関係が親密であれば、国は必ず強大となる。逆に両者の関係に隙間があれば（親密さを欠けば）、国は必ず弱くなる

君主と将軍の関係、これはビジネスでいえば、まさしく上司と部下の関係のこと。上司と部下、両者の信頼関係が大切ということだ。上司は部下を信頼して仕事をまかせ、部下はその信頼に応えて責任をもって仕事を行う。そして、補佐役を信頼し、能力を引き出すことができるかどうかが、トップの力量といえる。余計な口出しは無用ということだ。

上司が部下を信頼し、部下がそれに応える

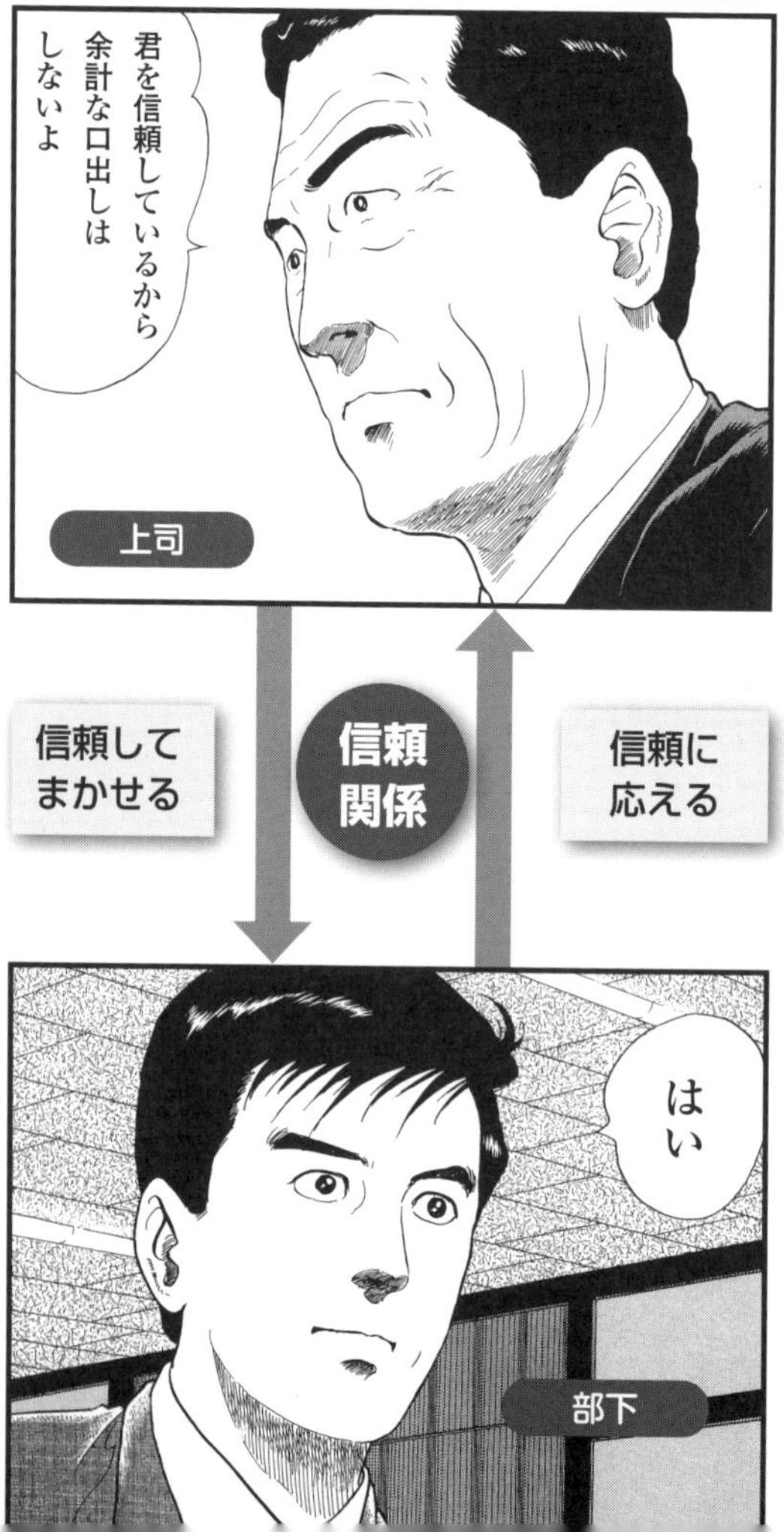
君を信頼しているから余計な口出しはしないよ
上司
信頼してまかせる
信頼関係
信頼に応える
はい
部下

上司は部下を信頼し、余計な口出しはしない

『孫子』

『孫子』では、将軍は重要な職責を担っているので、君主は余計な口出しをしてはならないとしている（将軍が有能であることが前提）。

ビジネス

ビジネスでいえば、トップと補佐役の関係だ。仕事をまかせることによって補佐役の能力を引き出すことが大事だ。

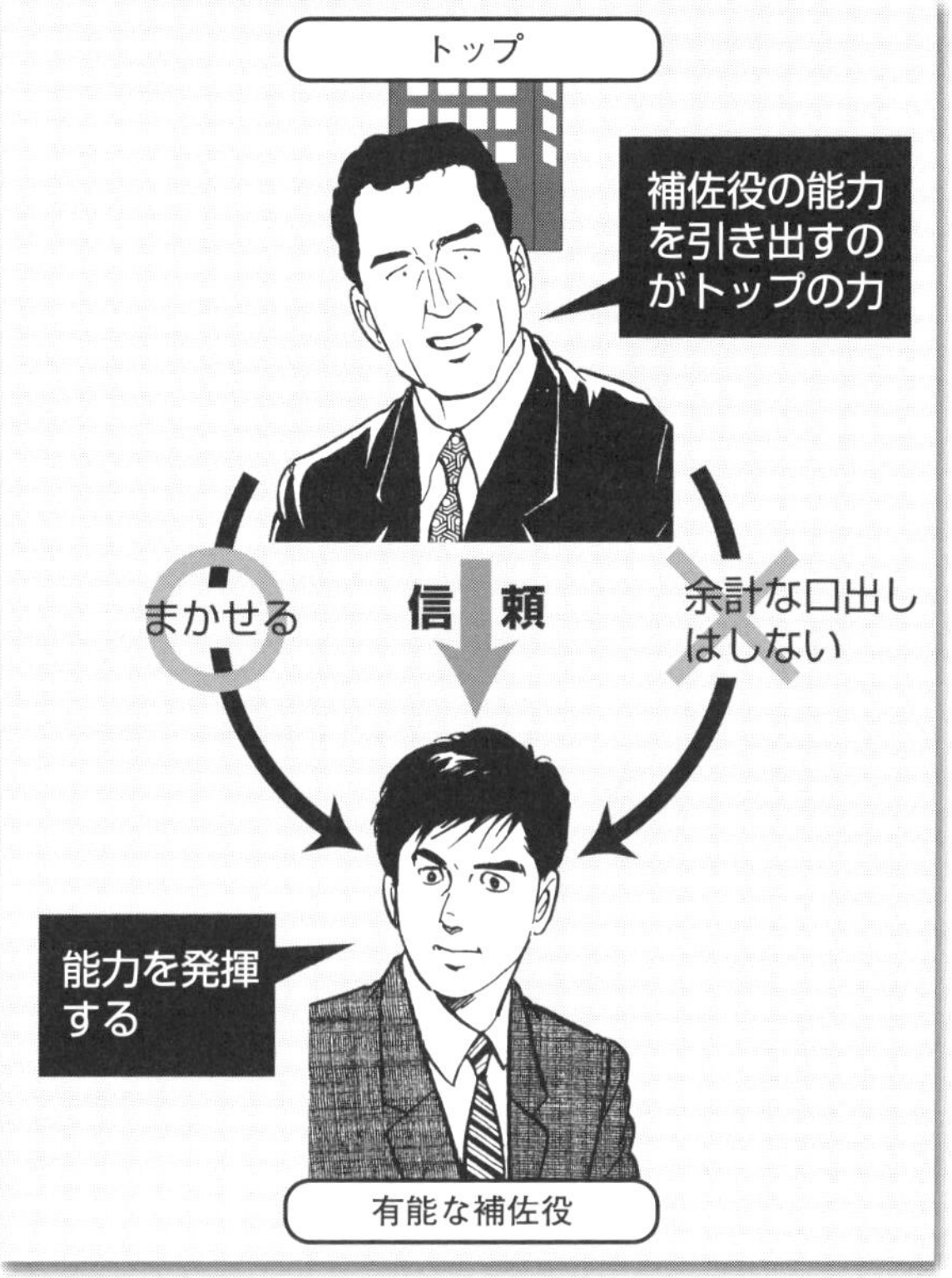
トップ
補佐役の能力を引き出すのがトップの力
まかせる
信頼
余計な口出しはしない
能力を発揮する
有能な補佐役

ビジネスに活かす 孫子の教え

上司と部下の信頼関係が大事。上司は部下を信頼し、仕事をまかせ、部下はその信頼に応えるのだ。

読み下し文

夫《そ》れ**将は国の輔**《ほ》**なり。輔周**《しゅう》**なれば則ち国必ず強く、輔隙**《げき》**あれば則ち国必ず弱し。**故に君の軍に患《うれ》うる所以《ゆえん》の者には三あり。

回 成功のための五つの要点

「勝を知るに五あり」

訳 勝利を収めるためには五つの要点がある

『孫子』では、戦いに勝利するための要点として「的確な状況判断」「組織の掌握・統率」「上下の意思統一」「万全の態勢」「上司と部下の関係」の五つをあげている。

これは
ビジネスにおける
成功のための
五つの要点と
いえるだろう

成功のための五つの要点

❶的確な状況判断
現状を分析し、どうすればよいのかを冷静に判断する

❷組織の掌握・統率
状況に応じて組織を動かすために、組織を掌握・統率する

❸上下の意思統一
上司、部下の意思統一をしっかりと行う

❹万全の態勢
常に態勢をととのえ、無理なことをしない

❺上司と部下の関係
上司が部下を信頼し、部下に権限と責任を与える

成功のための五つの要点

❶的確な状況判断

「戦うべきと戦うべからざるとを知る者は勝つ」

訳 戦うべきか戦わざるべきか、的確な判断をくだせる者が勝つ

的確な状況判断が大切。現状を分析し、どうすればよいのかを的確に判断する。

残念ながら市場が低迷している
君も気づいているだろう
ああ
この状況では新規の商品開発は延期したほうがいいな

成功のための五つの要点

❷組織の掌握・統率

「衆寡《しゅうか》の用を識《し》る者は勝つ」

訳 大兵力、小兵力それぞれの戦い方・用い方に精通しているものは勝つ

状況に応じて組織を動かすことが大事。そのためには組織を掌握・統率しなければならない。また、組織の規模に応じた経営戦略が重要。

我々はあくまで
この組織にあわせた
経営戦略を
立てなければなりません
アメリカ　ヨーロッパ　アジアまで
グローバルに　事業拡大していきます

掌握・統率

成功のための五つの要点

❸上下の意思統一

「上下の欲を同じうする者は勝つ」

訳 上下の意思統一に成功している者は勝つ

共通の目標のもとに組織がまとまっていること。上司、部下の意思統一がしっかりと行われていなければならない。

成功のための五つの要点

❹万全の態勢

「虞《ぐ》を以《もっ》て不虞を待つ者は勝つ」

訳 計略を仕組んで（よく準備して）、それに気づかずにやってくる敵を待ち受ける者は勝つ

万全の態勢で仕事に取り組むこと。態勢をととのえないで無理なことをしない。相当の準備が大切。

電気の安売王
めるへん電気
めるへん
安売王
新規事業を行うには十分な準備が必要。そのためにも、市場調査は念入りに行うべきだ。

成功のための五つの要点

❺上司と部下の関係

「将の能《のう》にして君の御《ぎょ》せざる者は勝つ」

訳 将軍が有能で君主が余計な干渉をしなければ勝つ

上司と部下の信頼関係が大切。上司が部下を信頼し、部下に権限と責任を与える。

私の片腕はキミしかいない
このプロジェクトはキミにまかせたよ

読み下し文

故に勝を知るに五あり。戦うべきと戦うべからざるとを知る者は勝つ。衆寡《しゅうか》の用を識《し》る者は勝つ。上下の欲を同じうする者は勝つ。虞《ぐ》を以《もっ》て不虞を待つ者は勝つ。将の能《のう》にして君の御《ぎょ》せざる者は勝つ。此《こ》の五者は勝を知るの道なり。

ビジネスに活かす 孫子の教え

成功するためには、五つの要点があるのだ。「的確な状況判断」「組織の掌握・統率」「上下の意思統 一」「万全の態勢」「上司と部下の関係」。

回 自分を知り、相手を知ること。そうすれば必ず勝てる！

「彼れを知りて己《おの》れを知れば、百戦して殆《あや》うからず」

訳 敵（敵情）を知り、己（味方の事情）を知るならば、百たび戦っても危険はない

前項の勝利のための五つの要点に続いて、次のように説く。「敵を知り己を知れば敗れることはない」。有名なくだりだが、これはビジネスにおいても重要なことだ。「己を知る」とは、客観的に自分を見ること。自分や自社の状況について、主観的、一面的に判断してはならないということだ。

また「彼れを知る」とは、ライバルやまわりの状況を把握することといえる。つまり、自分とまわりの状況を客観的に把握し、冷静に判断すること。これが大事というわけだ。

客観的に見て、冷静に判断する

客観的に見ること
そして冷静に判断すること
このことを日ごろから
意識することが大切だ
思い込みは禁物だよ

はい

新規事業を始めるときは、事前調査を徹底的に行う

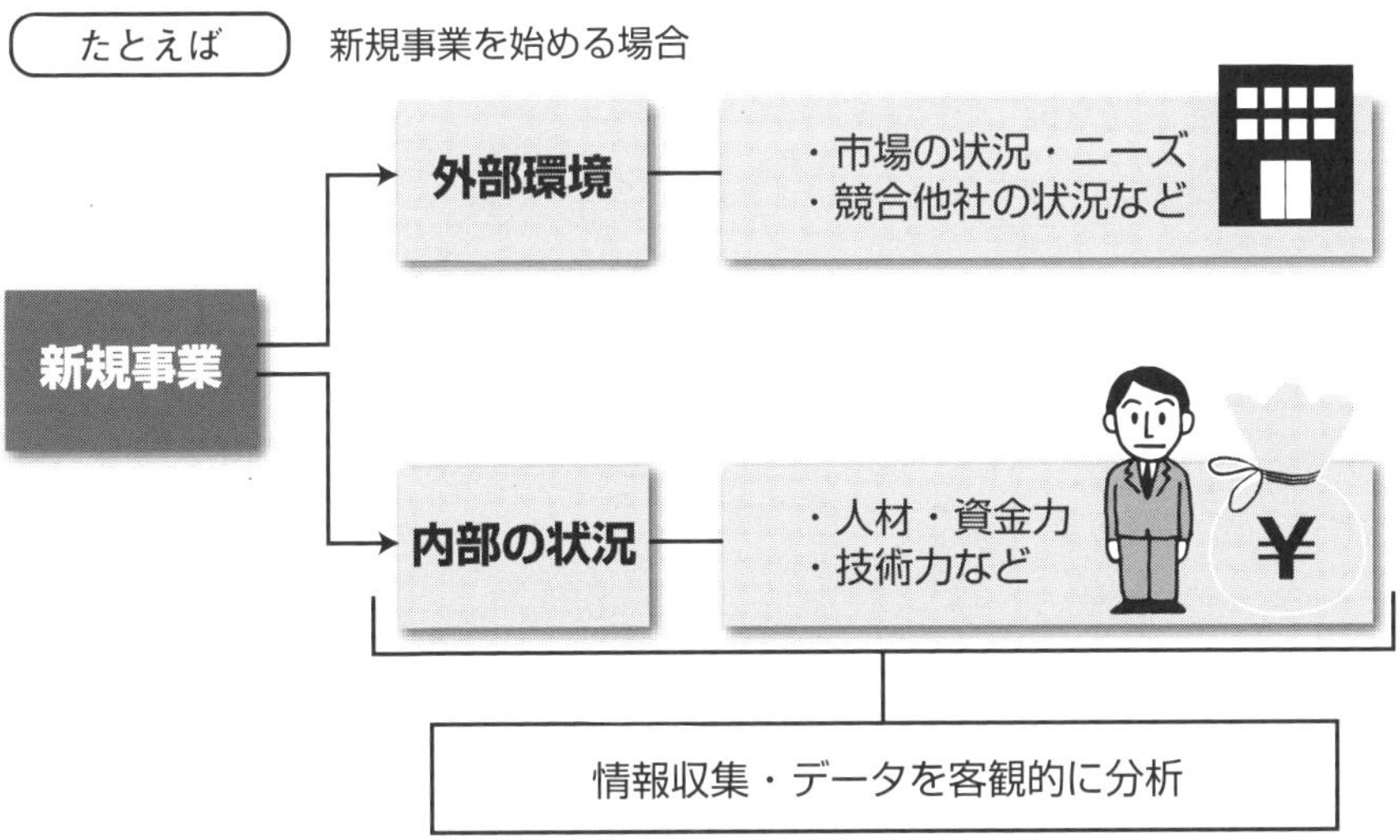
たとえば
新規事業を始める場合
新規事業
外部環境
・市場の状況・ニーズ
・競合他社の状況など
内部の状況
・人材・資金力
・技術力など
¥
情報収集・データを客観的に分析

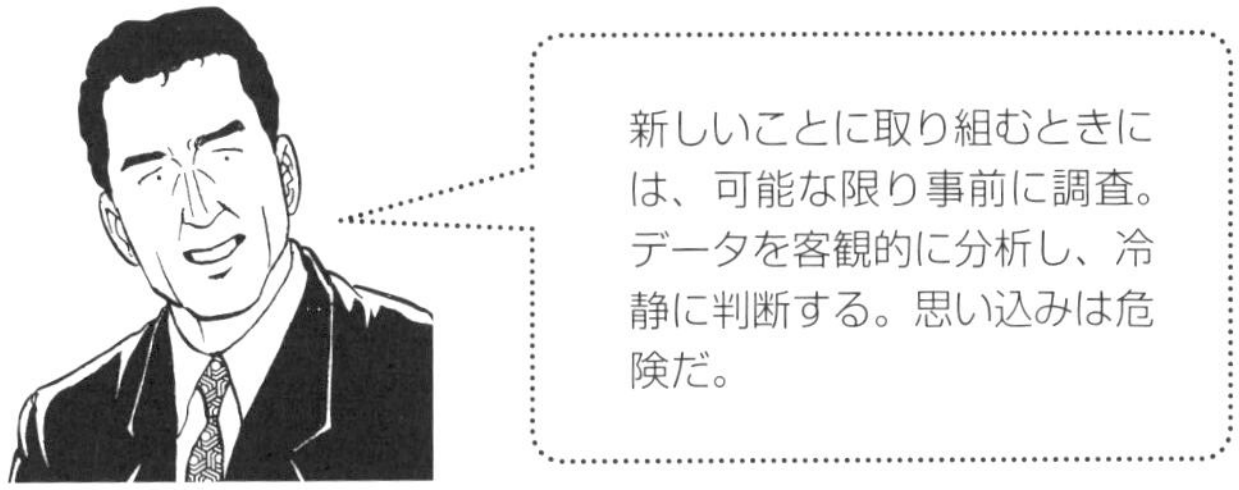
新しいことに取り組むときには、可能な限り事前に調査。データを客観的に分析し、冷静に判断する。思い込みは危険だ。

読み下し文

故に曰《い》わく、**彼れを知りて己《おの》れを知れば、百戦して殆《あや》うからず。**彼れを知らずして己れを知れば、一勝一負す。彼れを知らず己れを知らざれば、戦う毎《ごと》に必ず殆うし。

ビジネスに活かす 孫子の教え

物事を客観的に見る。自分と周囲の状況を客観的に把握し、冷静に判断するのだ。

第四章「形篇」

◎守りと攻めの見極め
◎成功の態勢

- まずは守りを固めよ！
- 時機を見て攻めに出る
- 無理なく着実に成功すること
- 成功する態勢で臨むこと！
- 成功するかどうかを「はかる」原則

まずは
自分の仕事の
態勢を固める

守りと攻めの見極め

いいか
守りと攻めの見極めが
大事なんだ
守るべきときは　しっかり守る
そして時機がきたら
一気に攻めるんだ

成功の態勢

勝負というものは　戦う前から
ついているものです
成功する態勢で臨むから　成功する
そうでなければ　失敗する
そういうものです
「ダメでもともと」
なんて気持ちで挑むくらいなら
挑まないほうがいい
そういう人は
戦う前から負けているんですよ

「先《ま》ず勝つべからざるを為《な》して、以《もっ》て敵の勝つべきを待つ」

訳 まず、だれも打ち勝つことができないように自軍の態勢を固めておいてから、敵が態勢をくずして、だれでもが勝てるようになるのを待つ

まずは態勢を固める

業績を見ると
非常に順調ですね
これを機に
事業拡大してみては
いかがでしょうか
事業を拡大するよりも
態勢固めを
すべきだろう
今は守りの
時期だ

攻めと守りの問題だが、『孫子』では、まずは「守りを固めよ」という。ビジネスでも同様。まずは自分の仕事・ビジネスの態勢を固めることが大切。自分の仕事の守備範囲は確実にこなすことが先決だ。また、これは会社の経営という観点からもいえることだ。まずは本業をしっかりと固めること。安易にサイドビジネスを行ったり、むやみに事業を拡大したりしない。あれもこれもと手を広げないことだ。

まずは守りを固める

むやみに攻めに入らず、まずは態勢をととのえる。

仕事

	○	×
仕事	まずは自分の仕事・業務の態勢を固め、確実に業務を行う	むやみに あれもこれも 行おうとする
	自分の守備範囲、あるいは本業をしっかりと固める	一度に手を広げずに、しっかりと見極めを
経営	しっかりとした態勢で、本業を確実に継続して行う	安易な サイドビジネス、むやみな事業拡大

経営

読み下し文

孫子曰《い》わく、昔の善く戦う者は、**先《ま》ず勝つべからざるを為《な》して、以《もっ》て敵の勝つべきを待つ。**勝つべからざるは己《おの》れに在るも、勝つべきは敵に在り。

ビジネスに活かす 孫子の教え

まずは守り、態勢を固めることだ。あれもこれもと手を広げてはならないのだ。

回時機を見て攻めに出る

「善く守る者は九地の下に蔵《かく》れ、善く攻むる者は九天の上に動く」

訳 巧みに守るものは大地の奥深くに隠れ、巧みに攻めるものは天高く起動する（攻めにまわったときにはすかさず攻めたてる）

前項は「まずは守りを固めよ」であったが、守ってばかりいるわけではない。時機を見て一気に攻めるのだ。まずは負けないしっかりとした守りを。そして好機がきたら攻めに出る、というわけだ。

ビジネスも守っていればよいわけではない。時機を見て積極的に攻めの仕事・ビジネスに転じる。新規の営業・顧客開拓、新規事業への進出など、好機には一気に進んでいくのだ。

好機には一気に攻めへ

わが社にとって絶好の機会だこの時機を逃してはならない
一気に攻めの戦略に転換しましょう

好機がきたら攻めの仕事へ

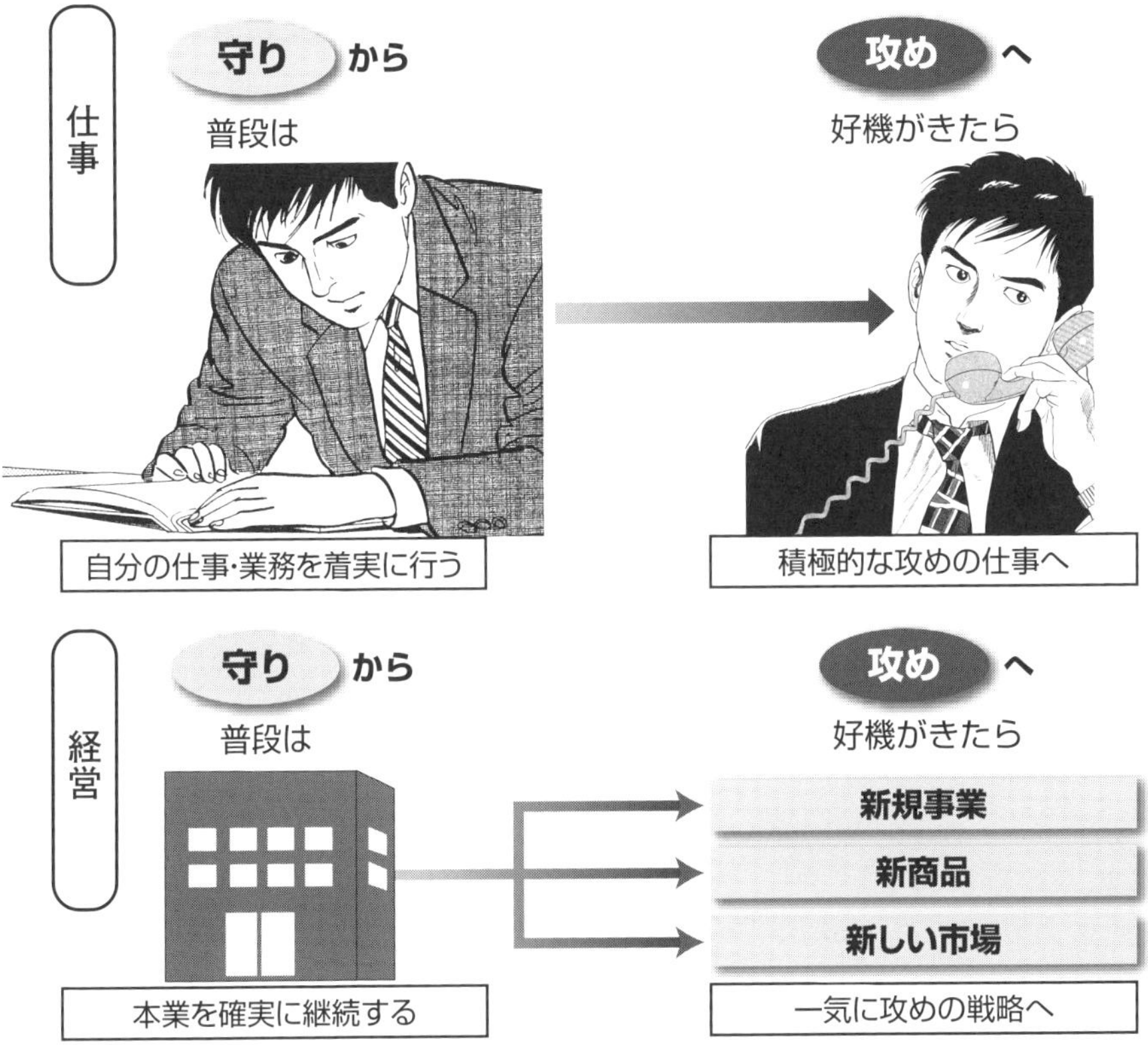
仕事
守り から
普段は
攻め へ
好機がきたら
自分の仕事・業務を着実に行う
積極的な攻めの仕事へ
経営
守り から
普段は
攻め へ
好機がきたら
新規事業
新商品
新しい市場
本業を確実に継続する
一気に攻めの戦略へ

ビジネスに活かす 孫子の教え

守っているだけではなく、好機には積極的に攻めの仕事・ビジネスに転じるのだ。

読み下し文

善く守る者は九地の下に蔵《かく》れ、善く攻むる者は九天の上に動く。故に能《よ》く自ら保ちて勝を全《まっと》うするなり。

回無理なく着実に成功すること

「善く戦う者は、勝ち易きに勝つ者なり。故に善く戦う者の勝つや、智名も無く、勇功も無し」

訳 戦上手は勝ちやすい機会をとらえてそこで勝つ。だから勝っても人目につかず、智謀すぐれた名誉も、武勇すぐれた手柄もない

人目につかず業績を上げる

優秀な者は目立とうとしないそんな必要もないからな
それに比べてあの人は…

へへへ仕事の鬼ですさかい私の手にかかれば会社が変わりまっせ

『孫子』では、無理なく当然のように、楽に勝つことを理想としている。無理なく勝つので目立たないわけだ。ビジネスも危なげなく、成功しやすい状況・機会をとらえて行うべきだ。

また、ビジネスマンの場合、目立つことなく、地道に業績を上げていくことが大事といえる。人目につかず、さりげなく数字を伸ばしていきたいものだ。派手な立ち回りや、がむしゃらに業績を上げようとして目立つのは避けよう。

無理なく着実に成功する

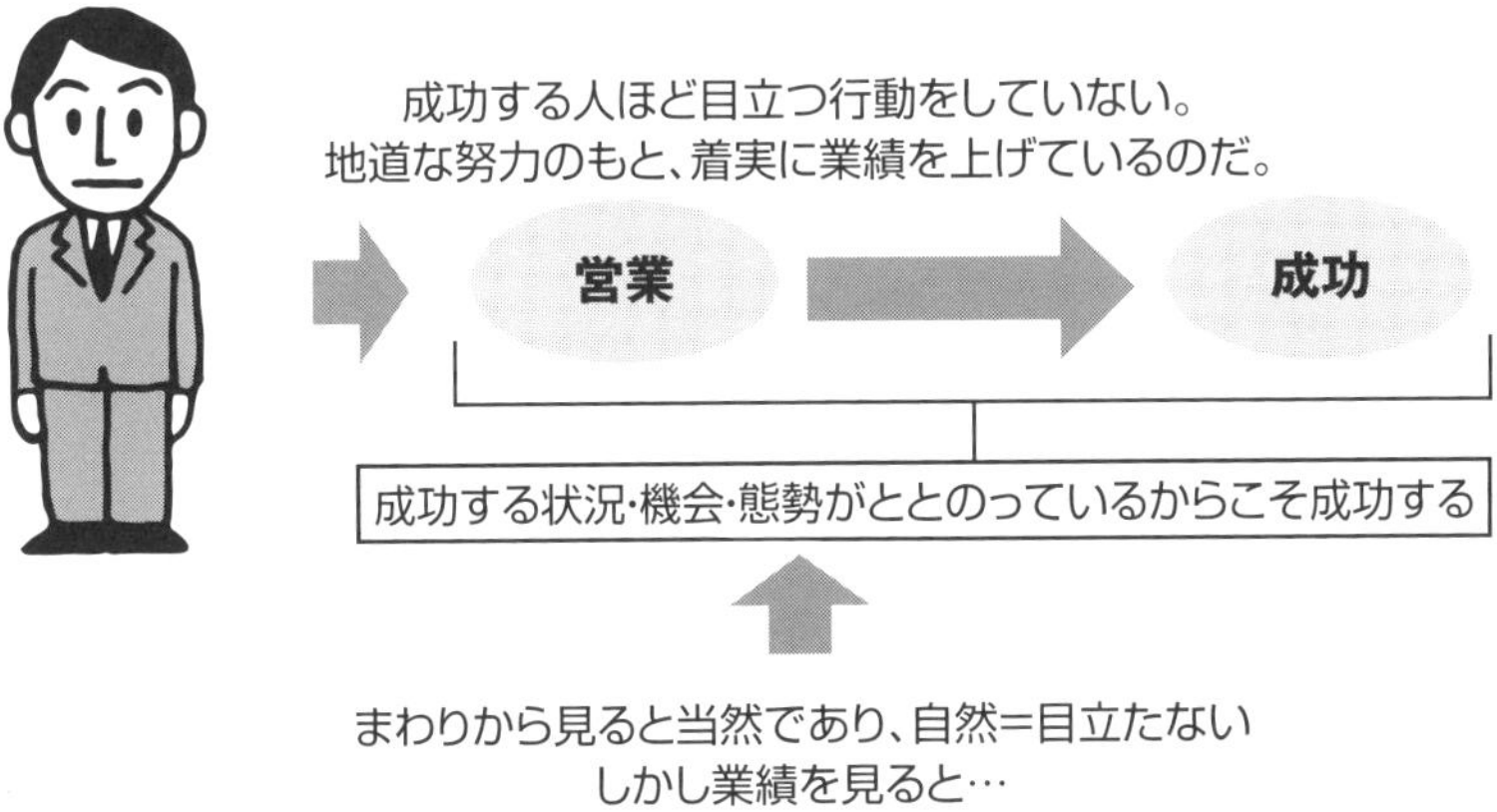
成功する人ほど目立つ行動をしていない。
地道な努力のもと、着実に業績を上げているのだ。
営業
成功
成功する状況・機会・態勢がととのっているからこそ成功する
まわりから見ると当然であり、自然＝目立たない
しかし業績を見ると…

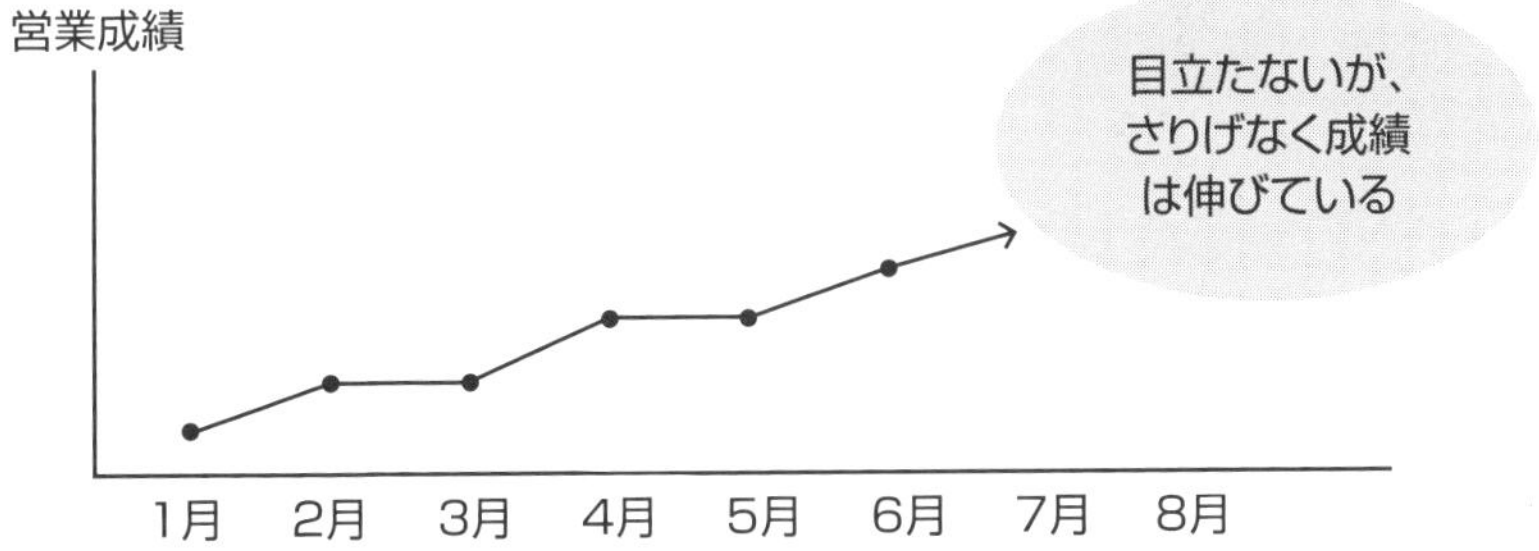
営業成績
目立たないが、さりげなく成績は伸びている
1月
2月
3月
4月
5月
6月
7月
8月

読み下し文

古《いにし》えの所謂《いわゆる》**善く戦う者は、勝ち易きに勝つ者なり。故に善く戦う者の勝つや、**「奇勝無く、」**智名も無く、勇功も無し。**故に其《そ》の戦い勝ちて忒《たが》わず。

ビジネスに活かす 孫子の教え

ビジネスは無理なく着実に。目立とうとせず、地道に実績を上げていくことが大事なのだ。

回成功する態勢で臨むこと！

「勝兵は先ず《ま》勝ちて而る《しか》後《のち》に戦いを求め、敗兵は先ず戦いて而る後に勝を求む」

訳 勝利する軍はまず勝利を確定して（勝利する態勢をととのえて）戦おうとする。敗北する軍は戦いを始めてから後で勝利しようとする

十分な準備を行う。ときには根回しも

十分に調査をして
根回しも行った
この条件で
提案すれば…

先方は
必ずＯＫ
するはずだ
WILD
TURKEY

前項に続けて、戦う態勢について述べている。戦う前の態勢で勝負はついているというのだ。ビジネスでは、成功する態勢で実行するから成功するといえよう。成功する態勢がととのっていない、ろくに準備もしないで始めて、後でうまくやろうというのは無理な話。行き当たりばったりでは成功するわけがない。物事に取り組む場合には、相当の準備をして、しっかりとした態勢で臨まなければならないのだ。

成功する態勢をととのえてから実行する

行き当たりばったりでは成功しない。物事に取り組むときは、入念な準備をすることが求められる。

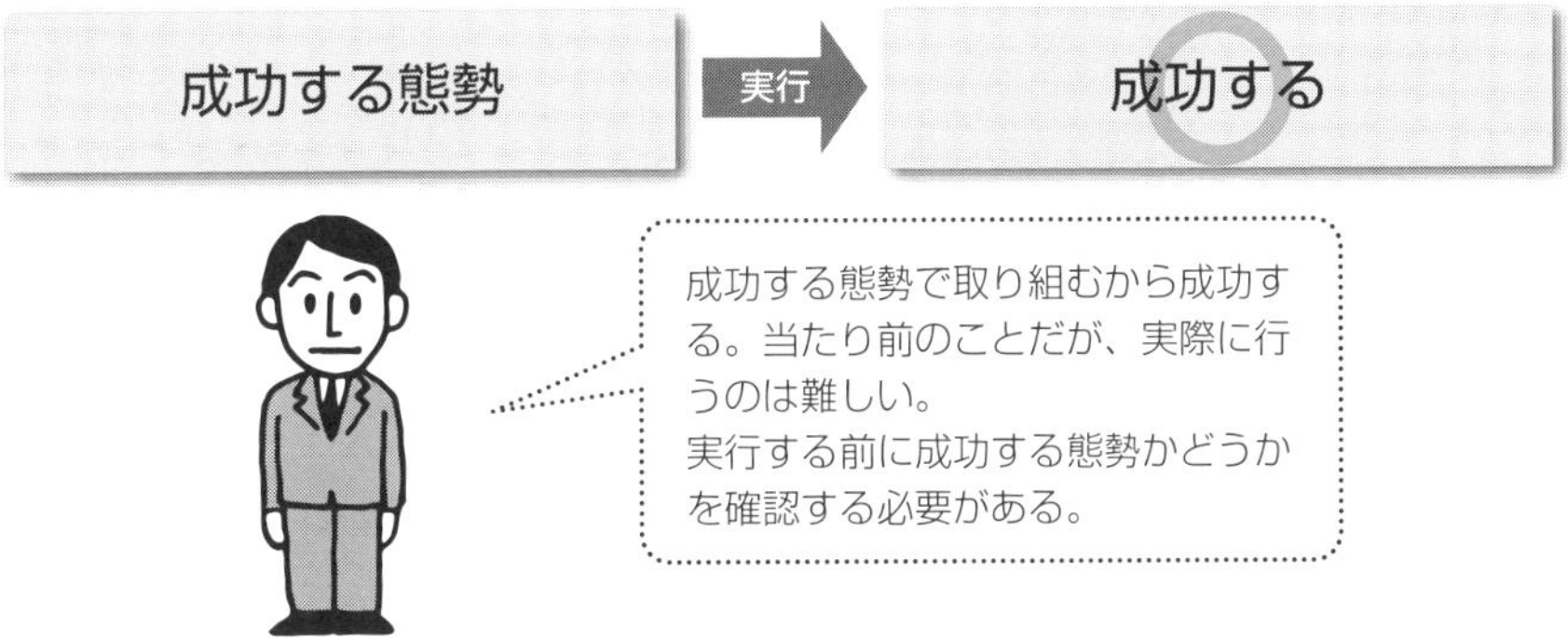
成功する態勢
実行
成功する
成功する態勢で取り組むから成功する。当たり前のことだが、実際に行うのは難しい。
実行する前に成功する態勢かどうかを確認する必要がある。

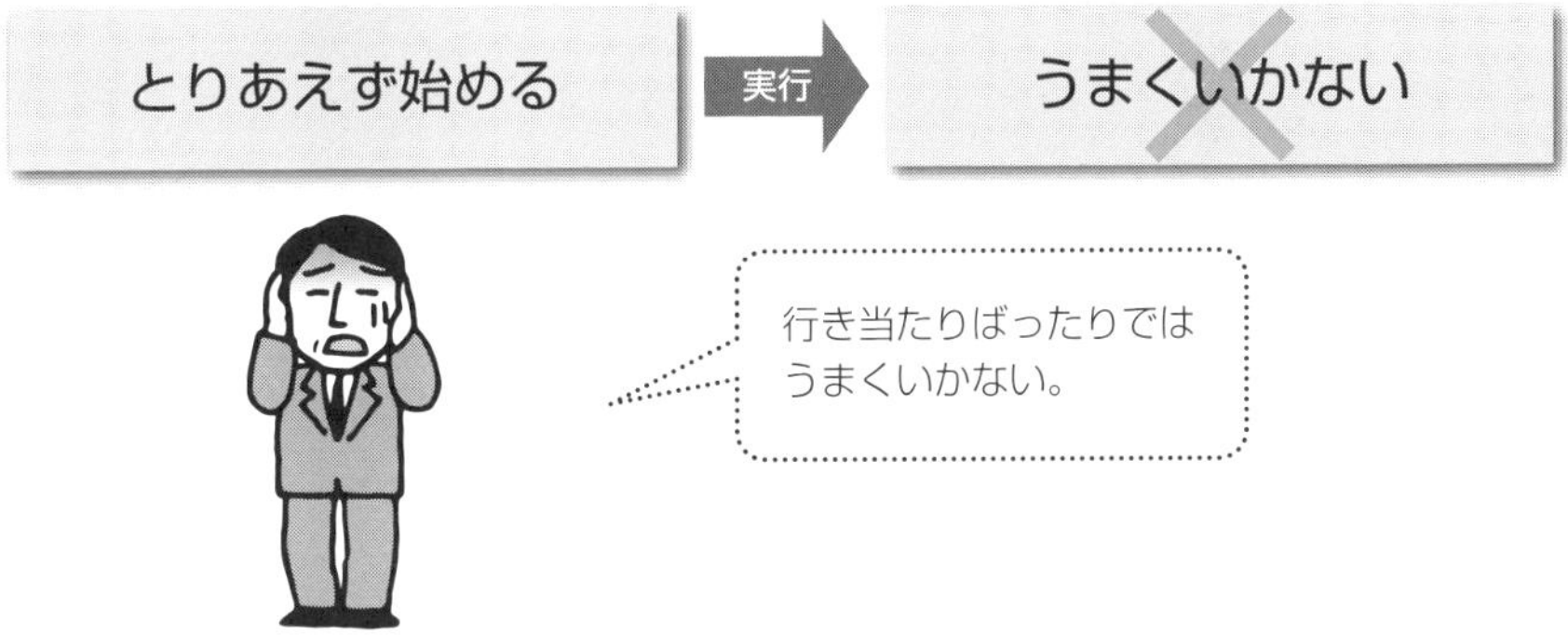
とりあえず始める
実行
うまくいかない
行き当たりばったりではうまくいかない。

読み下し文

故に善く戦う者は不敗の地に立ち、而《しか》して敵の敗を失わざるなり。是《こ》の故に**勝兵は先《ま》ず勝ちて而《しか》る後《のち》に戦いを求め、敗兵は先ず戦いて而る後に勝を求む。**

ビジネスに活かす 孫子の教え

物事に取り組む場合には、成功する態勢をととのえてから実行すること。行き当たりばったりではうまくいかないものだ。

「兵法は、一に曰《い》わく度《たく》、二に曰わく量、三に曰わく数、四に曰わく称《しょう》、五に曰わく勝《しょう》」

訳 勝敗の原則には五つある。第一に度（ものさしではかる）、第二に量（ますめではかる）、第三に数（数をはかる）、第四に称（比べはかる）、第五に勝（勝敗を考える）である

自社と他社とを総合的に比較する

わが社と
S社とを
比較すると…
総合力からいって
わが社に勝算があると
いえます

戦場での土地の広さ・距離をはかり、その結果で投入する物量を考える。動員する兵数を考え、敵・味方の兵力を比べはかる。その結果勝敗を考える。『孫子』では、この五段階を熟慮し、勝算を確立するものとしている。

ビジネスにおいても、はかり、考えることが求められる。市場環境、競合関係、商品・ブランド力、技術力、組織体制その他さまざまな要素をはかる。そして確かな計算によって、総合的にビジネス成功の可否を検討するのだ。

ライバル社との力の差を比較し、成功するかどうかを判断

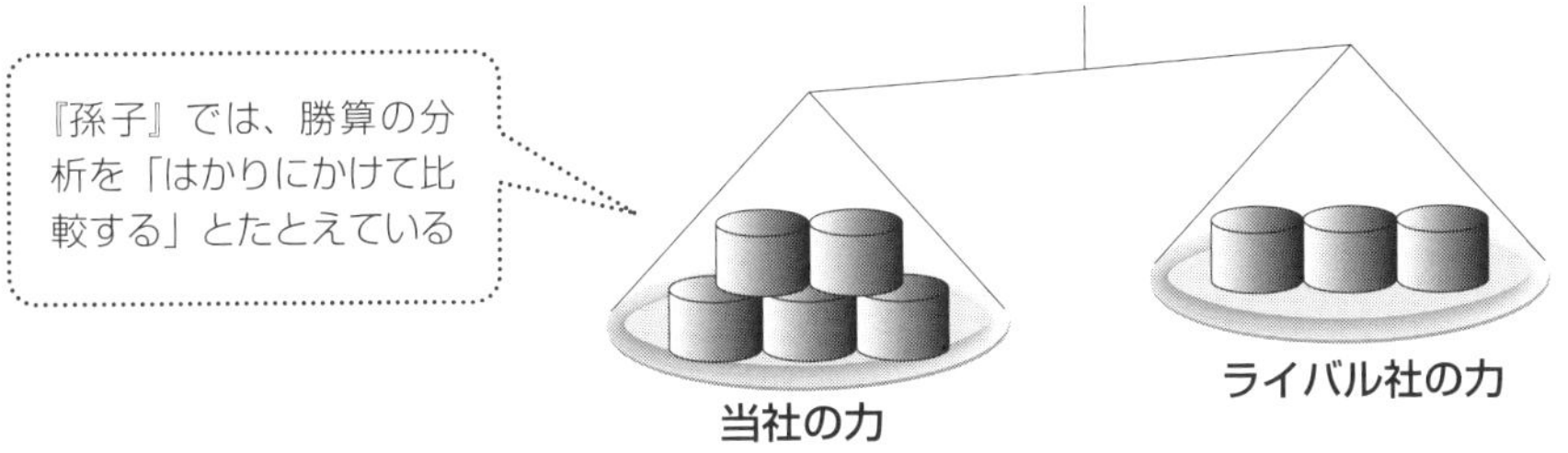
『孫子』では、勝算の分析を「はかりにかけて比較する」とたとえている
当社の力
ライバル社の力

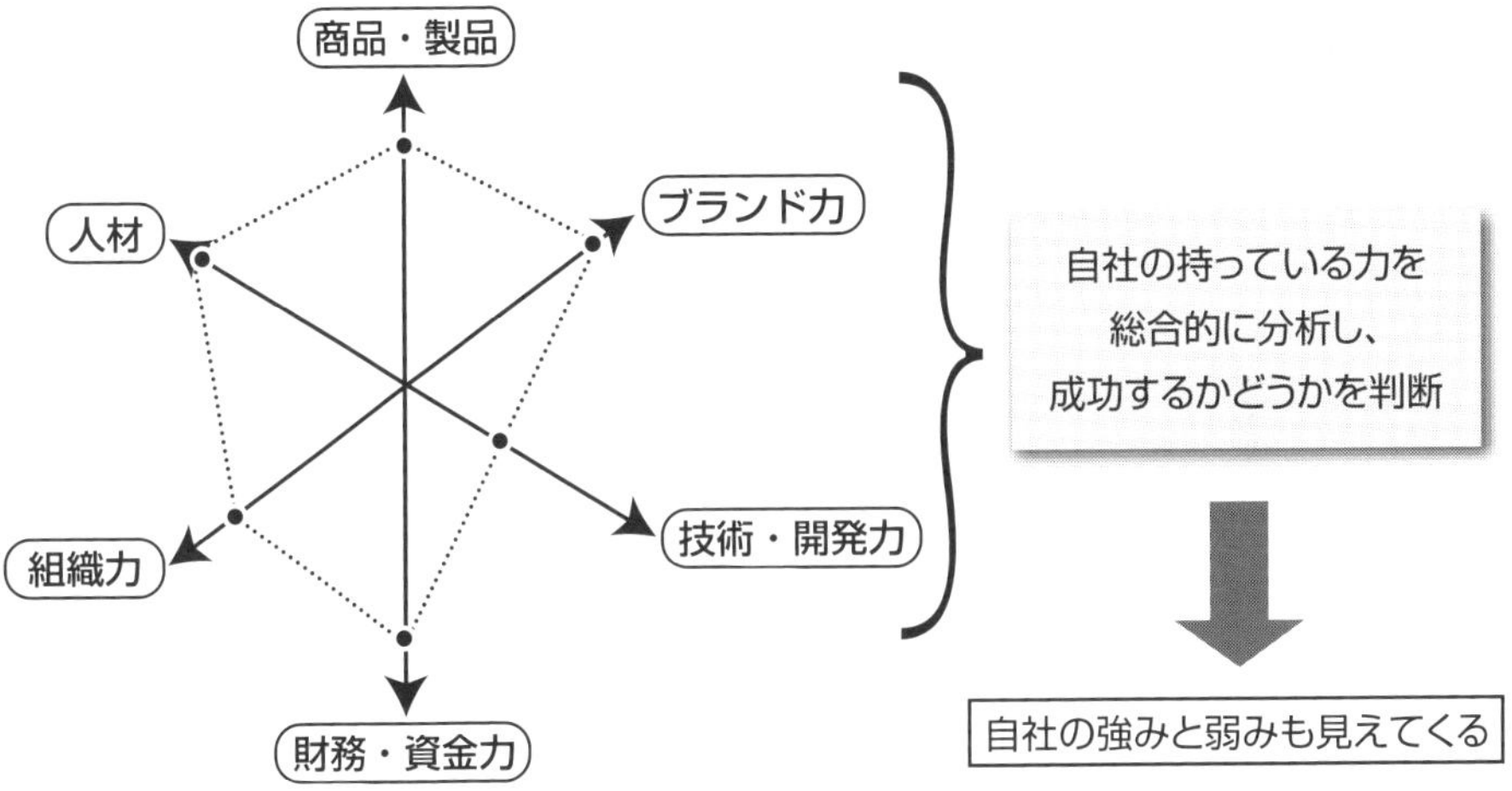
商品・製品
ブランド力
技術・開発力
財務・資金力
組織力
人材
自社の持っている力を
総合的に分析し、
成功するかどうかを判断
自社の強みと弱みも見えてくる

読み下し文

兵法は、一に曰《い》わく度《たく》、二に曰わく量、三に曰わく数、四に曰わく称《しょう》、五に曰わく勝《しょう》。地は度を生じ、度は量を生じ、量は数を生じ、数は称を生じ、称は勝を生ず。

ビジネスに活かす 孫子の教え

さまざまな要素をはかり、総合的にビジネスが成功するかどうかを判断するのだ。

回第五章回「勢篇」

◉集団の力を発揮
◉勢いに乗る

- 組織の編成・指揮命令の重要性
- セオリーどおりではないことも！「正」と「奇」の関係
- 勢いに乗り、瞬発力を発揮する
- 相手にエサをまいて誘い出す
- 集団の力を引き出し、一人ひとりに過度の期待をかけない

集団の力を発揮

人の上に立つ以上
集団としての
力を発揮させることを
考えなければならない
一人ひとりの力を引き出し
うまくまとめるのが
リーダーの役割だ

勢いに乗る

業績は順調
態勢もととのったし
好条件もそろった
ここは勢いに乗って
一気にいくぞ！

回組織の編成・指揮命令の重要性

「衆《しゅう》を治むること寡《か》を治むるが如《ごと》くなるは、分数《ぶんすう》是れなり。衆を闘《たたか》わしむること寡を闘わしむるが如くなるは、形名《けいめい》是れなり」

訳 大勢の兵士をまるで少人数のように統制しているのは、軍の組織編成がそうさせているのである。大勢の兵士をまるで少人数のように戦わせるには、指揮・命令（旗や鳴り物などによる指令）がそうさせるのである

『孫子』には、軍の組織編成、指揮・命令の重要性が説かれている。会社のような組織も、その組織編成が重要だ。すばやい判断・行動が求められる時代、機動力のある組織にしなければならない。

そして、組織が組織として動くためには、しっかりとした指揮命令系統が確立されている必要がある。確立された命令系統のうえ、的確かつ明確な指示・命令を行う。そうすることによって、組織は機動力を発揮するのだ。

機動力のある組織にする

組織が肥大化すると
動きが鈍くなる
今の組織では
この難局は
乗り切れない
もっと機動力のある
組織に
しなければ…

効率的な組織編成で機動力を高める

組織が大きくなり、肥大化すると…

柔軟性を失い、動きが鈍くなる

機動力のある組織編成

▶基本的に小単位の組織で動き、スピードを高める
▶組織単位を小さくして、組織の機動力を高める

読み下し文

孫子曰《い》わく、凡《およ》そ衆《しゅう》を治むること寡《か》を治むるが如《ごと》くなるは、分数《ぶんすう》是れなり。衆を闘《たたか》わしむること寡を闘わしむるが如くなるは、形名《けいめい》是れなり。

ビジネスに活かす孫子の教え

機動力のある組織に。そして、しっかりとした指揮命令系統を確立するのだ。

回 セオリーどおりではないことも！「正」と「奇」の関係

「戦いは、正を以《もっ》て合い、奇を以て勝つ」「奇正の変は勝《あ》げて窮《きわ》むべからざるなり」

訳 戦いは、正法（定石どおりの方法）で敵と対峙し、奇法（特殊な方法・変化する方法）で敵を破るのである
戦いの形態は「奇」と「正」の二つから成り立っているが、その二つのまじり合った変化は無限である

「正」は一般的なもの、「奇」は特殊なもの・変化するもの。『孫子』では、この運用について述べている。ビジネスでは、基本的には「正」のセオリーどおりに行いつつ、時には「奇」も必要になる。「奇」とは、セオリーどおりではない変化、新しい発想やその状況に合わせた柔軟な行動など。同じパターンを繰り返していると、仕事や発想が硬直しがちだ。慣習にとらわれない柔軟な発想、時代の流れ・状況の変化に合わせた判断や行動が求められるのだ。

商談は奇策で攻める！

今回の取引
この条件では
いかがでしょうか

なるほど…
そう来ましたか
では　1億円で
のむことにしましょう

営業などの場面でも…

セオリーどおりに行いつつ、時には慣習にとらわれない発想を採り入れる。

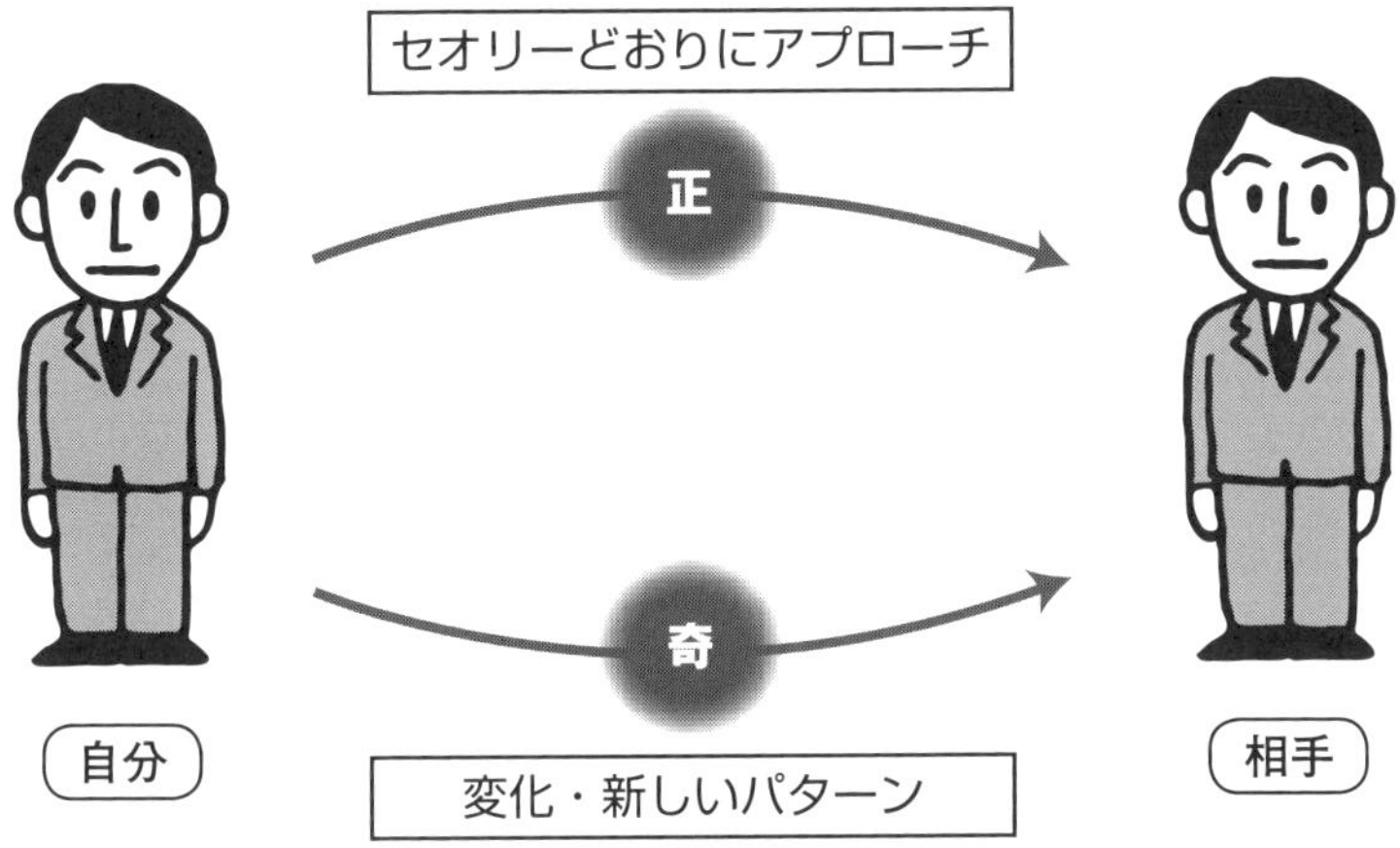

この二つを組み合わせる!
『孫子』では、この組み合わせの変化は無数にあるとしている

ビジネスに活かす 孫子の教え

セオリーどおりではない、新しい発想やその状況に合わせた柔軟な行動も必要なのだ。

読み下し文

凡《およ》そ**戦いは**、**正を以《もっ》て合い**、**奇を以て勝つ**。故に善く奇を出《い》だす者は、窮《きわ》まり無きこと天地の如く、…戦勢は奇正に過ぎざるも、**奇正の変は勝《あ》げて窮《きわ》むべからざるなり**。

「激《げき》水《すい》の疾《はや》くして石を漂《ただよわ》すに至る者は勢《せい》なり」

訳 せきとめられた水が岩石までも押し流すほどに激しい流れになるのが、勢いである

『孫子』では、「勢」について谷川の激流にたとえて説明し、続けて猛禽《もうきん》が獲物をねらう様子にたとえて一瞬の力、瞬発力について述べている。

ビジネスにおいて、勢いに乗ることは大事。また、ここぞというときには一気に行う。つまり瞬発力を発揮するわけだ。そして、その一瞬の力を最大限に引き出すためには、知識・能力などを日ごろから十分に蓄えておく必要がある。

ここぞというときには一気に行う！

ここは勢いに乗るべきだ
さらに販路を拡大しよう
よしそうだな
そのために営業を強化してきたし販促のノウハウも蓄積してきたんだ

瞬発力を発揮する

ここぞというときに力を発揮するために、日ごろから知識や情報を十分に蓄えておく。

日ごろの積み重ね

知識、情報の蓄積

勢いに乗って
一気に

力を発揮！

新企画の提案

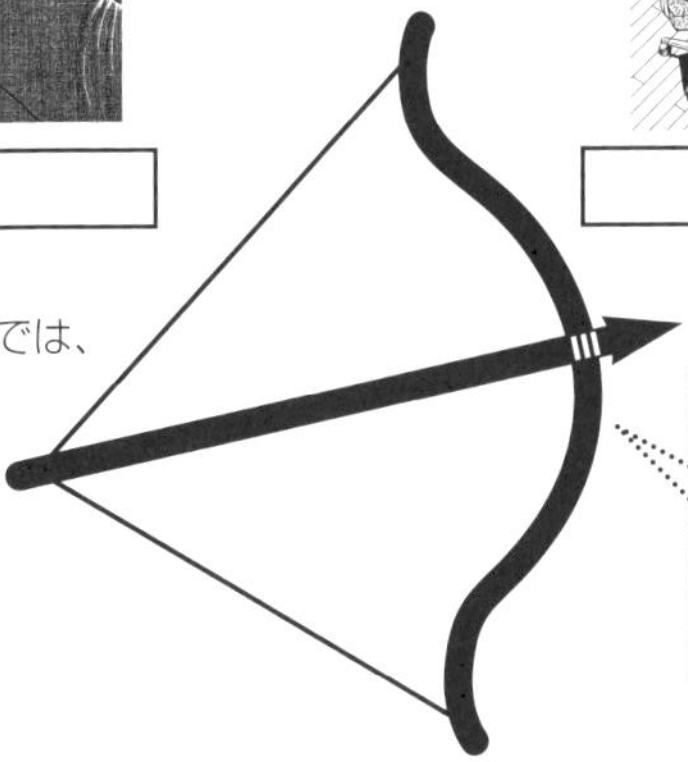

さらに続けて『孫子』では、
勢いと瞬発力について
「弓」にたとえて
説明している

弓を十分に張る
（勢いを蓄える）
↓
一気に撃つ（瞬発力）

ビジネスに活かす
孫子の教え

勢いに乗ることが大事。十分な蓄積のうえに瞬発力を発揮するのだ。

読み下し文

激水《げきすい》の疾《はや》くして石を漂《ただよわ》すに至る者は勢《せい》なり。
鷙鳥《しちょう》の撃《う》ちて毀折《きせつ》に至る者は節なり。

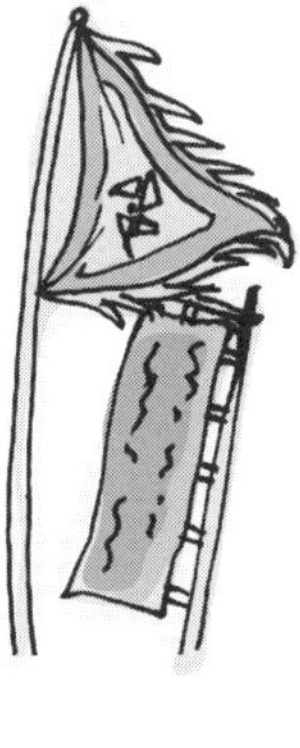

「利を以《もっ》てこれを動かし、詐《さ》を以てこれを待つ」

訳 利益を見せて敵を誘い出し、敵の裏をかいてそれにあたる

相手の裏をかく。これは営業・交渉などの場面では有効だ。『孫子』では、敵にエサをまいて、敵を誘い出すとしている。交渉時には、相手に有利なものを見せ、誘い出し、自分のペースに引き込むのもひとつの手だ。ただし、相手をだますようなことがあってはならない。

また、反対に相手に有利なものを見せられて、自分が相手の誘いに乗らないように注意したい。エサに踊らされないように、相手の真意を見る目を養おう。

相手の誘いに踊らされると痛い目にあう

クソ！
S社が事業撤退とはまったく見抜けなかった
あの取引にこんな裏があったとは…

相手を自分のペースに引き込む

こちらは　鯛の切り身
クコの実入りの煮物です
倦怠感　精力減退に
効き目があります
すみません
何かすごい料理
ごちそうに
なっちゃって…
いえ　とんでもない
ところで弊社の案件の方は
前向きに検討して
いただけたでしょうか

交渉では、相手を自分のペースに引き込むことが大切。

読み下し文

故に善く敵を動かす者は、これに形すれば敵必ずこれに従い、これに予《あた》うれば敵必ずこれを取る。**利を以《もっ》てこれを動かし、詐《さ》を以てこれを待つ。**

ビジネスに活かす 孫子の教え

相手に有利なものを見せて誘い出す。そして自分のペースに引き込むのもひとつの手だ。

回集団の力を引き出し、一人ひとりに過度の期待をかけない

「勢《せい》に求めて人に責《もと》めず」

訳　戦上手は、戦いの勢いに乗って勝利しようとし、一人ひとりの兵士（人材）に頼ろうとしない

『孫子』では、兵士個人に過度の期待をかけず、勢いに乗って戦い勝利するものとしている。個人の能力に頼らず、集団の力を発揮させることが大事なのは、ビジネスにおいても同じだ。

とくに企業経営等においては、人材を集団の力として引き出すことが重要。一人ひとりの人材に頼りすぎず、過度の期待をかけないようにする。有能な組織のリーダーは、組織の集団としての力を発揮させることができるものだ。

一人に過度の期待をかけない

待て…彼一人に
期待をかけすぎて
はいけない

彼は働きすぎていて
もう限界に近い
すみません…

一人ひとりに頼りすぎず集団の力を引き出す

×	○
一人ひとりの人材に頼りすぎる	**組織の集団としての力を引き出す**
重労働が一人に集中してしまうと…	うまく作業を分配することで…

今夜の警備をキミにお願いしたいと思っているのだが…
冗談じゃない！三日も寝てなくておかしくなりそうだ！

一人では限界

訂正した印刷物をカットする人間
それに糊（セメント）をつける人間
ページを開く人間
そこへ貼り付ける人間
ギュ

作業効率があがる

ビジネスに活かす 孫子の教え

一人ひとりの人材に頼りすぎず、人材を集団の力として引き出すことが重要なのだ。

読み下し文

故に善く戦う者は、これを**勢**《せい》**に求めて人に責**《もと》**めず**、故に能《よ》く人を択《えら》びて勢に任ぜしむ。

第六章「虚実篇」

◉主導権を握る
◉柔軟に変化

- 自分のペースにのせて主導権を握る
- 相手の守っていないところを攻める！
- 隙間をねらう戦略
- 力を集中させる、一点集中戦略
- 柔軟に形を変えることができる組織
- 水のように柔軟に変化する！

相手を自分のペースに引き込む
これは私からのプレゼントですお気に召したら幸せです

主導権を握る

昔から会長は交渉が上手だとうかがっていましたがどうしてそんなにうまくいくんですか？
それはな交渉の主導権を握るからさ

柔軟に変化

あなた　いつも決まったやり方でしか仕事をしないわねもっと柔軟に発想行動したらどう？
人も組織も柔軟さが大事よ柔軟性のある男って最高！

「人を致して人に致されず」

訳 自分が主導権を握って、相手を思いのままにこちらの作戦に乗せる。そして、相手の作戦には乗らない（相手の思いどおりにならない）

さまざまな意味で主導権を握る

島課長
S社との交渉では
主導権を握って
くださいね！
んー
まあー
がんばって
みるよ

島課長は部下に話の主導権を握られている
S社との交渉で主導権を得るのは難しい!?

これまでにも、「相手を自分のペースに引き込む」「主導権を握る」ことについては何度か出てきたが、交渉時には特に重要だ。交渉の主導権を握ることによって、交渉を有利に進めることができるからだ。

また、上司・部下などの関係においても同様のことがいえる。主導権を握ること。そうすることで、仕事がやりやすくなったりすることもあるのだ。

交渉の主導権を握る

交渉の場で相手を自分のペースに引き込む！

自分のペースに乗せ、相手をコントロール

コントロール
自分
相手

うまく相手を乗せることが大切

自分のペース

いやあ 御社の製品はすばらしいと社内でも評判で 特に中沢は絶賛しておりました
ははは… ま そう持ち上げんでもええがな
中沢さんがねえ なるほど！
そんなら御社との契約正式にお願いしましょか

読み下し文

孫子曰《い》わく、凡《およ》そ先きに戦地に処《お》りて敵を待つ者は佚《いつ》し、後《おく》れて戦地に処りて戦いに趨《おもむ》く者は労す。故に善く戦う者は、**人を致して人に致されず。**

ビジネスに活かす 孫子の教え

交渉時には主導権を握ること。そうすることによって、交渉を有利に進めることができるのだ。

「攻めて必ず取る者は、其《そ》の守らざる所を攻むればなり」

訳 攻撃して必ず奪取するのは、相手の守っていないところを攻撃するからだ

相手の不得意分野を営業・提案

どうですか…
わが社と提携すれば
最新技術を
利用できますよ
実は技術力には
自信がなかったんです
御社の技術は
すばらしい！
ぜひ提携させて
ください！

「敵が守っていないところを攻めよ」ということだが、ビジネスでいえば相手のガードが弱いところを攻める、ということになるだろう。ただし、悪い意味ではなく、相手の得意としていない分野、手薄なところなどを重点的に営業・提案する、ということだ。

また、別の面からいうと、まだ他社が参入していない市場に注目すべきともいえる。開拓されていない市場＝他社が守っていないところを開拓し、進出することも有効な戦略のひとつなのだ。

新しいマーケットを開拓・進出

まだ他社が参入していない土地や
市場には絶好のチャンスが
眠っていることが多い
開拓されていない市場は　すなわち
どこからも守られていない市場
ということなのだ

ここは
まだどこも
進出していない
魅力ある
マーケットだ

読み下し文

其《そ》の必ず趨《おもむ》く所に出《い》で、其の意《おも》わざる所に趨き、千里を行きて労《つか》れざる者は、無人の地を行けばなり。**攻めて必ず取る者は、其の守らざる所を攻むればなり。**

ビジネスに活かす 孫子の教え

相手の弱いところを重点的に。開拓されていない市場（守られていない市場）に進出するのも戦略のひとつだ。

「進みて禦《ふせ》ぐべからざる者は、其《そ》の虚を衝《つ》けばなり」

訳 進撃して相手がそれを防ぐことができないのは、相手の隙（手薄なところ）を衝くからである

隙間をねらった経営戦略！

こうしてみると…女性向けの商品アイテムが少ないことがわかるな
なるほど女性向けの商品を開発すればアイデア勝負でいけそうだな！

フットワークのよさが売りの中小企業や個人事業主は、手薄になっている市場をねらうと効果的だ。

『孫子』では、敵の隙、手薄なところを攻めるとしている。ビジネスではまさにニッチ戦略、隙間をねらった経営戦略のことだ。他社がやっていない隙間分野・市場に進出したり、隙間をねらった商品開発を行ったりする。

大企業が手薄にしている隙間市場に、中小企業が入り込む場合などがこの戦略だ。中小企業にとって有効な戦略といえよう。大企業に正面からぶつかっていっても勝ち目はないが、隙間であれば参入可能だからだ。

隙間をねらった戦略とは？

他社が参入していない
分野・市場に目をつける。

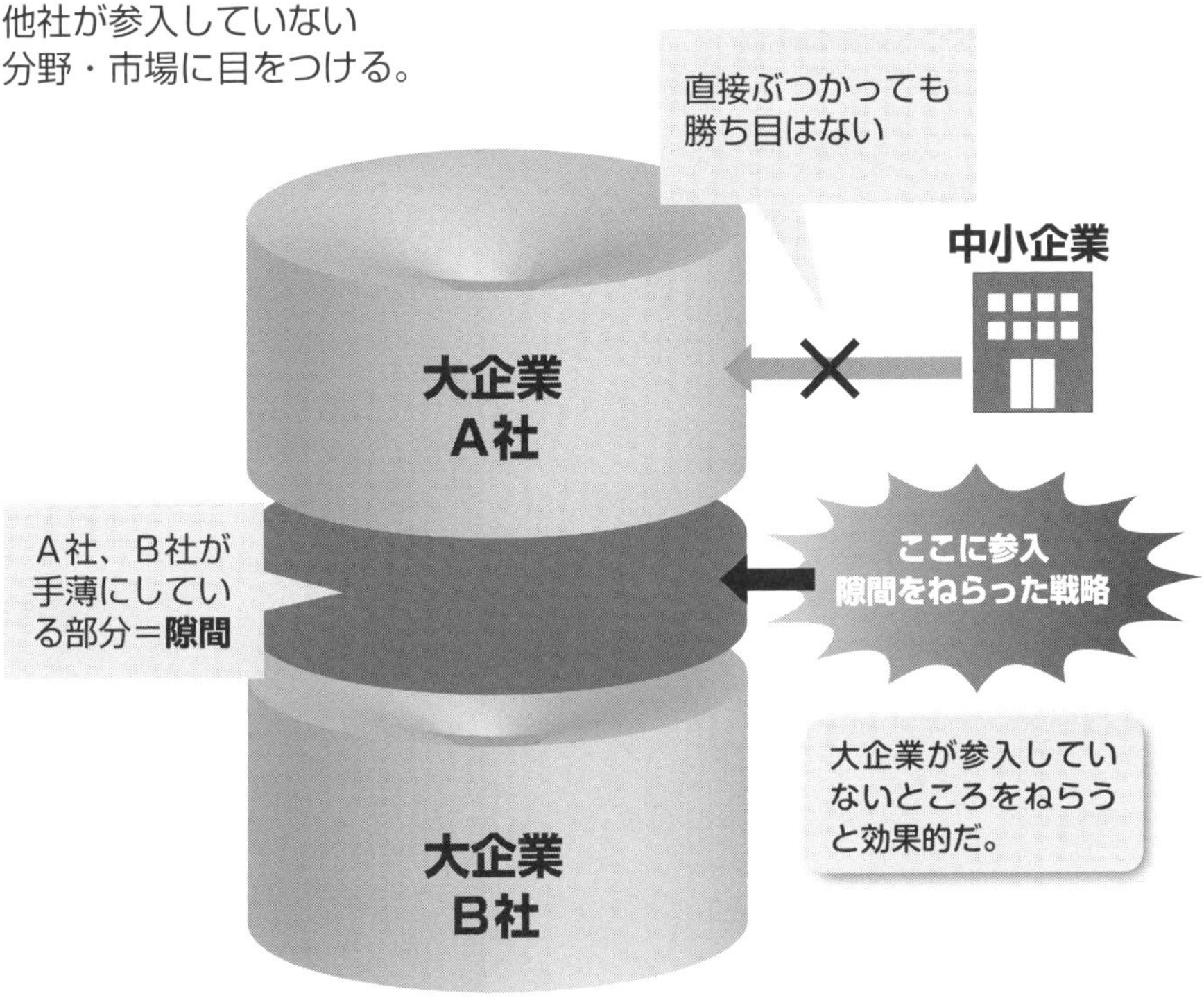
直接ぶつかっても
勝ち目はない
中小企業
大企業
A社
A社、B社が
手薄にしている部分＝**隙間**
ここに参入
隙間をねらった戦略
大企業が参入していないところをねらうと効果的だ。
大企業
B社

ビジネスに活かす
孫子の教え

他社がやっていない、もしくは手薄になっている隙間分野・市場をねらう戦略も有効だ。

読み下し文

進みて禦《ふせ》ぐべからざる者は、其《そ》の虚を衝《つ》けばなり。退きて追うべからざる者は、速《すみや》かにして及ぶべからざればなり。

「我れは専《あつ》まりて一と為《な》り敵は分かれて十と為《な》らば、是《こ》れ十を以て其《そ》の一を攻むるなり」

訳 こちらは集中して一団となって、相手は分散して十隊となれば、結果こちらの十の力で相手の一を攻めることになる

小さな企業ほど一点集中を！

ひとつの製品に
重点的に
力を入れてる
んだな
うちみたいな
小さな工場は
あれもこれもと
手を広げられないからな
一点集中さ

力を集中して、十の力で一を攻める。つまり、味方は多勢《たぜい》、敵は無勢《ぶぜい》というわけだ。ビジネスでいえば、重要なところに力を集中させることといえよう。重点分野には人材も資金も集中的に投入する。一点集中戦略だ。

あれもこれもとラインアップを広げず、ひとつ（少数）の商品・製品に集中させたほうがよい場合もある。力を分散させず、集中させることも大事なのだ。

ひとつの商品・製品に力を集中させる

ビジネスでは…

人材
資金
重点商品・製品

十の力で一を攻める

兵法では…

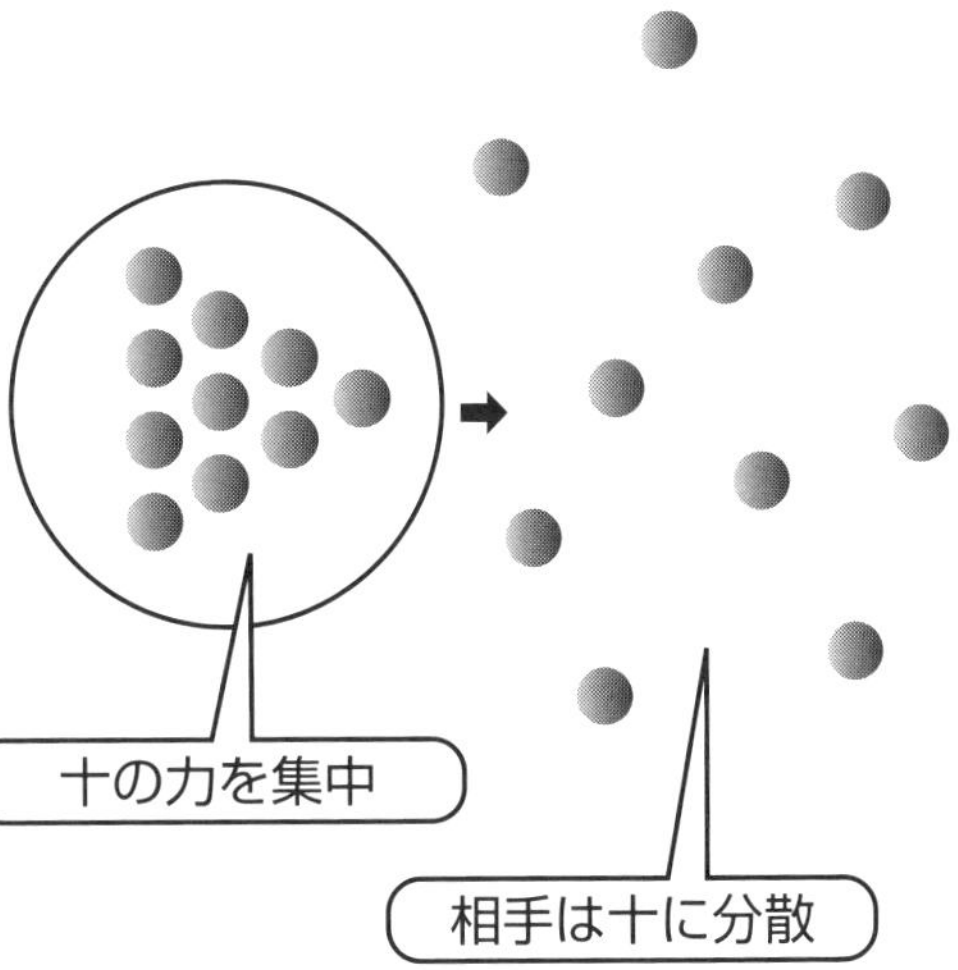
十の力を集中
相手は十に分散

あれもこれもと手を広げすぎるのは考えもの。
力を分散させず、一点に集中させることも必要だ。

読み下し文

則ち我れは専《あつ》まりて敵は分かる。**我れは専《あつ》まりて一と為《な》り敵は分かれて十と為《な》らば、是《こ》れ十を以て其《そ》の一を攻むるなり。**則ち我れは衆《おお》くして敵は寡《すく》なきなり。

ビジネスに活かす 孫子の教え

重点分野に力を集中させる。一点集中戦略が有効な場合もあるのだ。

「兵を形《あらわ》すの極は、無形に至る」

訳 軍の態勢（形）の真髄は無形になることである

『孫子』では、軍の態勢の極致は「無形」と説いている。会社などの組織も「無形」、その状況に応じて変化する（形を変える）ことが求められる。会社組織は時間が経つにつれ、硬直化、形骸化しやすくなるものだ。形だけのポストなどがその典型だ。硬直化、形骸化すると、組織の動きは鈍くなり、その力を失う。そして、その時代、状況に対応できない組織となっていく。だから、柔軟に形を変えられる組織が理想なのだ。

時間が経つと組織は硬直化していく

まったく！
この組織は
硬直化しすぎだ！
年功序列制なんて
バカバカしいですね

環境の変化に柔軟に対応できる組織改革を。
形だけのポストは不要だ。

柔軟性のある組織改革を！

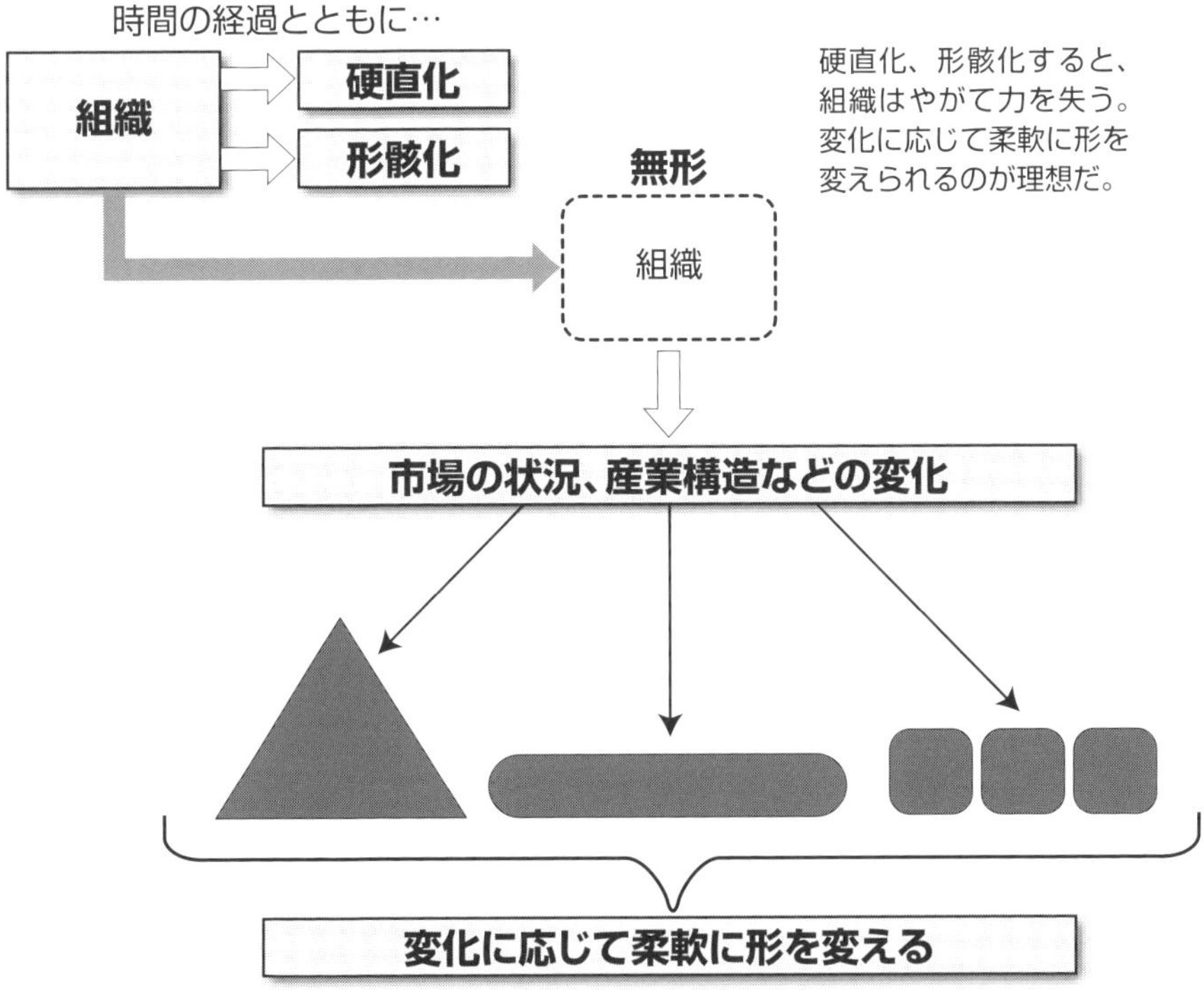
時間の経過とともに…
組織
硬直化
形骸化
硬直化、形骸化すると、組織はやがて力を失う。変化に応じて柔軟に形を変えられるのが理想だ。
無形
組織
市場の状況、産業構造などの変化
変化に応じて柔軟に形を変える
読み下し文

故に**兵を形《あらわ》すの極は、無形に至る。**
無形なれば、則ち深間《しんかん》も窺《うかが》うこと能《あた》わず、智者も謀《はか》ること能わず。

ビジネスに活かす
孫子の教え

変化に応じて、柔軟に形を変えることができる組織が理想なのだ。

水のように柔軟に変化する！

「兵の形は水に象《かたど》る」「兵に常勢なく、常形なし」

訳　軍の形は水の流れのようなものだ
戦いには不変の態勢はない。決まりきった形もない

水の流れのような仕事

…
島課長は
水が流れるように
仕事をこなしますね
そうかな…
型にははまったやり方を
好まない性格が功を奏したようだ

『孫子』は、戦いに固定したものはないとしている。ビジネスにおいても不変の態勢はありえない。水のように自由自在に態勢を変えることができる柔軟性が求められる。

　仕事を行う場合もそうだ。決まりきったやり方・パターンだけではダメなのだ。その状況にあわせて柔軟に判断・行動しなければならない。前にうまくいったからといって、また同じようにやればよいと思うのは禁物《きんもつ》だ。

状況に応じて柔軟に態勢を変える

ビジネスでは、水のように自由自在に態勢を変える柔軟性が求められる。

状況にあわせて

柔軟に仕事を行う

『孫子』では、
「水は高いところを避けて
低いところへと流れていくが、
戦いもこれと同じ」としている。

仕事も水が流れるように
こなしていきたいものだ。

読み下し文

夫れ**兵の形は水に象《かたど》る。**水の行は高きを避けて下《ひく》きに趨《おもむ》く。兵の形は実を避けて虚を撃つ。水は地に因《よ》りて行を制し、兵は敵に因りて勝を制す。故に**兵に常勢なく、常形なし。**

ビジネスに活かす 孫子の教え

水の流れのような柔軟性が求められる。その状況にあわせて柔軟に判断・行動するのだ。

第七章「軍争篇」

◎相手との駆け引き
◎状況に応じて動く

- ●「迂《う》直《ちょく》の計」回り道を近道にする
- ●相手の裏をかけ
- ●ビジネスの「風林火山」とは？
- ●指示・命令の徹底によって組織の力を発揮
- ●やる気、気力の充実が大事

日本人の情報収集力には脱帽だ…感心したよ
広井との関係はいまのうちに切ってきっぱり整理する
そのかわりキミ達も…
当然何も知りません

相手との駆け引き

交渉ではな
駆け引きが大事なんや
交渉は心理戦や
巧妙な駆け引きの中で
相手の心理を
読み取るんや

状況に応じて動く

状況が
悪いときには
動かない
そして状況が
よくなったら
突き進むんだ
昔から
言うじゃねえか
風林火山だよ！
トースター
エアコン
ラジオ

「迂《う》を以《もっ》て直《ちょく》と為《な》し、患《かん》を以て利と為す」

訳　遠い回り道をまっすぐの近道にし、害のあることを利益に転ずる

「迂直《うちょく》の計」とは、遠い回り道をまっすぐの近道に転ずるはかりごと。遠い迂回路を直進の近道に、不利を有利に転ずる戦術を説いている。ビジネスでも直進するだけでは壁にぶつかることもある。ときには迂回してみることも必要だ。

「急がば回れ」ということわざもあるように、回り道をしたほうが、結果的に目的を早く達成できる場合もある。まわりから見ると時間がかかる回り道のような方法であっても、実はそのほうが失敗がなく確実。むしろ実は近道、ということだってあるのだ。

時には
回り道も必要
ということですね

回り道が実は近道ということもある。

そう
ゆっくりしているよう
ですが
そのほうが結果的に
早いことだってあるんです
急がば回れって言いますから

回り道が近道になることも…

回り道をしたほうが、確実に目的を達成できるときもある。焦りは禁物だ。

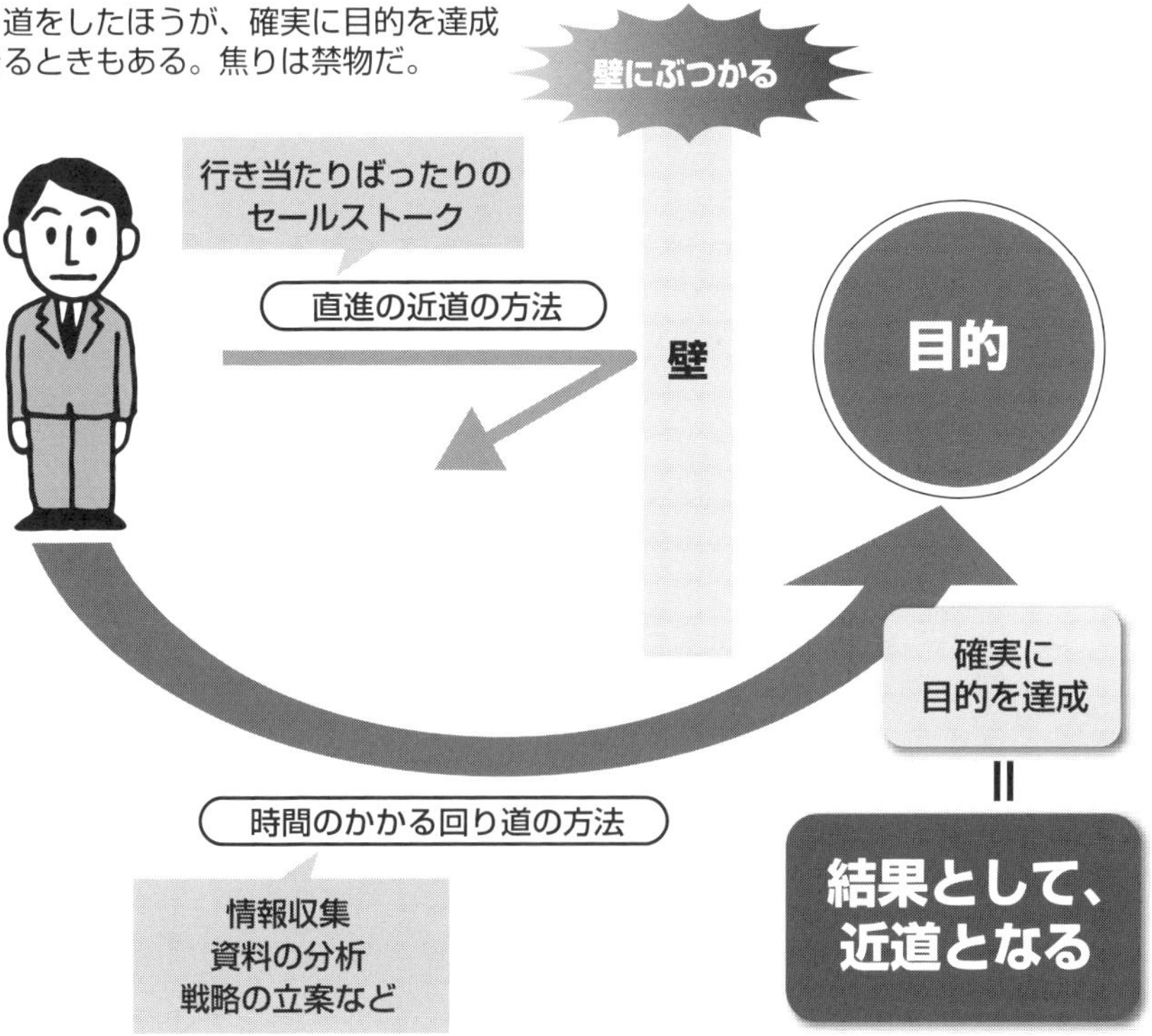
壁にぶつかる
行き当たりばったりのセールストーク
直進の近道の方法
壁
目的
確実に目的を達成
＝
結果として、近道となる
時間のかかる回り道の方法
情報収集
資料の分析
戦略の立案など

ビジネスに活かす 孫子の教え

直進するだけではなく、ときには迂回してみることも。そのほうが近道ということもあるのだ。

読み下し文

軍争の難きは、**迂《う》を以《もっ》て直《ちょく》と為《な》し、患《かん》を以て利と為す。**

回 相手の裏をかけ

「兵は詐《さ》を以《もっ》て立ち、利を以て動き、分合を以て変を為《な》す者なり」

訳 作戦の中心は敵の裏をかくこと。利益のあるところに従って行動し、兵を分散や集合して、情勢にあわせて変化しなければならない

「相手を欺《あざむ》く」ことについてはこれまでにも出てきたが、ここでも「詐」について説く。そして、分散と集合の戦法で臨機応変に対応するとしている。繰り返しになるが、商談などの交渉の場面では、相手との巧みな「駆け引き」が求められる。

商談は心理戦。相手の心理を読み、ときには相手の裏をかくようなことも必要なのだ。もちろん、相手を騙《だま》すようなことがあってはならないが。

交渉は駆け引き

そろそろ待遇を見直していただきたいのですが　常務の知られたくない秘密…いろいろと知っていますよ
ケケケ

ただし、「騙す」「脅す」といった行為は禁物だ。

交渉の場面では、巧みな駆け引きが求められる

買収の話
先日 日本の東立電工からも申し入れがありました
場合によってはもう一度考え直さなければならないかもしれません
そんな！
今更それはないでしょう！
我々はもう買収価格70億ドルという手のうちをみせたんだ
ミスター島 資本主義社会の原則は価格競争です そんなことぐらいわかっているはずですが

交渉の場面では、相手との巧みな「駆け引き」が求められる。
ときには相手の裏をかくようなことも必要だ。

読み下し文

故に**兵は詐《さ》を以《もっ》て立ち**、**利を以て動き**、**分合を以て変を為《な》す者なり。**故に其の疾《はや》きことは風の如く、其の徐《しずか》なることは林の如く、侵掠《しんりゃく》することは火の如く、知り難きことは陰の如く、動かざることは山の如く、…

ビジネスに活かす 孫子の教え

交渉の場面では、相手の裏をかくような駆け引きも必要なのだ。

回ビジネスの「風林火山」とは？

「其《そ》の疾《はや》きことは風の如《ごと》く、其の徐《しずか》なることは林の如く、侵掠《しんりゃく》することは火の如く、知り難きことは陰の如く、動かざることは山の如く」

訳 疾風のように迅速に行動し、林のように静まりかえって待機し、火が燃えるように侵攻し、暗闇のように実態を隠し、山のようにどっしり落ち着く

前項に続けて『孫子』では、作戦行動に際してこのように説いている。「風のように進み」「林のように静まりかえり」「火が燃えるように襲撃し」「山のように動かない」。よく知られた「風林火山」のもととなったくだりだが、戦いにおける「動と静」について述べたものだ。

仕事においても「動と静」は大事だ。ダラダラと仕事を続けるのではなく、集中するときは集中し（動）、息を抜くときには抜く（静）。つまりメリハリをつけるということ。そのほうが仕事の効率もあがるはずだ。

風林火山

このくだりは、甲斐《かい》武田氏の軍旗《ぐんき》「風林火山」の出典として有名

仕事はメリハリをつけて行わなければならないが…

仕事はメリハリをつけてやらなきゃあかん
そういうあなたが一番ダラダラ仕事してるじゃない

ビジネスにおける「風林火山」

風
風のように進む

林
林のように静まる

火
火のように行動

山
山のように動かない

状況が「よかったり」「悪かったり」するのには、波がある。

好機には果敢に進み、動いていく（風のように進み、火のように行動）。しかし、状況が悪いときには我慢する。悪あがきをせずにじっと耐える（林のように静まり、山のように動かない）。

悪い状況下ではじっと耐えることによって力を蓄える。そして状況が好転したら、一気に突き進んでいくのだ。

読み下し文

故に其《そ》の疾《はや》きことは風の如《ごと》く、其の徐《しずか》なることは林の如く、侵《しん》掠《りゃく》することは火の如く、知り難きことは陰の如く、動かざることは山の如く、…

ビジネスに活かす 孫子の教え

仕事はメリハリをつけて行う。状況が悪いときはじっと耐えて我慢し、好転したら果敢に進み動いていくのだ。

回 指示・命令の徹底によって組織の力を発揮

「軍政に曰《い》わく、『言うとも相《あ》い聞こえず、故に金鼓《きんこ》を為《つく》る。視《しめ》すとも相い見えず、故に旌旗《せいき》を為る。』と」「金鼓・旌旗なる者は人の耳目を一にする所以《ゆえん》なり」

訳　古い兵法書には「口で言ったのでは聞こえないから太鼓や鐘の鳴りものを用意し、さし示しても見えないから、旗や幟《のぼり》を準備する」とある。鳴りものや旗などは、兵士の耳目を統一（耳で聞く、目で見る働きを指令の方向に統一）するためのものだ

軍の指揮・命令について説いたものだが、組織の構成員が自分勝手な動きをしていては、組織はバラバラ、収拾がつかない状態に陥る。指示・命令によって構成員が整然と動くことで組織は力を発揮する。会社組織もまったく同じだ。指示・命令を徹底することによって社員の意思を統一し、会社組織が力を発揮するようになる。そのためには、確実に指示・命令を伝えなければならない。そして明確に意思・内容を伝達することが重要なのだ。

昔は旗や幟で意思統一。
現代では旗ではなく、
たとえば企業のロゴなどかもしれない

指示が不明確では組織が混乱する

キャンペーン割り当て予算 組みなおしてくれって言ったやろ?
え?
うかがっていませんが…
バカモン! 近いうちにどうにかしたいなぁって言うたやん
それで伝わらんかなまったく…

指示は相手に明確に伝えなければ意味がない。

読み下し文

軍政に曰《い》わく、「言うとも相《あ》い聞こえず、故に金鼓《きんこ》を為《つく》る。視《しめ》すとも相い見えず、故に旌《せい》旗《き》を為る。」と。…金鼓・旌旗なる者は人の耳目を一にする所以《ゆえん》なり。

ビジネスに活かす 孫子の教え

指示・命令の徹底(確実に、明確に伝達する)によって会社組織が力を発揮するようになるのだ。

やる気、気力の充実が大事

「善く兵を用うる者は、其《そ》の鋭気を避けて其の惰帰《だき》を撃つ」

訳 戦上手は、相手の気力が充実しているとき（鋭い気力）に戦いを避け、気力が衰えしぼんだところを攻撃する

『孫子』では、相手の気力の変化を見て戦うことを説き、朝方は気力が鋭く、昼ごろは気力がだらけ、夕方には気力がしぼむとしている。仕事でも朝・昼・夕でこうなるというわけではないが、仕事を行う気力、やる気には波があるものだ。自分自身の気力はもちろん、部下の気力にも注意をしたい。部下にやる気を起こさせる環境・状況を作り出すことが大事。たとえば具体的な方向性を示す、充実感を与える、などだ。部下の気力を充実させることも組織のリーダーの役割といえよう。

リーダーが部下のやる気を引き出す

調子はどうだ？

これまでになくプロジェクトが活気に満ちています
島課長のおかげですよ！

やる気には波がある

朝
9:00

やる気充実

昼
13:00

だらけてくる

夜
22:00

やる気が尽きていく

読み下し文

故に三軍には気を奪うべく、将軍には心を奪うべし。是《こ》の故に朝の気は鋭《えい》、昼の気は惰《だ》、暮れの気は帰《き》。故に**善く兵を用うる者は、其《そ》の鋭気を避けて其の惰帰《だき》を撃つ。**

ビジネスに活かす 孫子の教え

部下にやる気を起こさせる環境・状況を作り出すこともリーダーの役割なのだ。

第八章「九変篇」

◉臨機応変に対応
◉万全の態勢で臨む

- 受けてはいけない命令もある
- マニュアルどおりではなく、臨機応変に対処する
- 利益と損失の両面から考える
- 希望的観測を持たず、万全の態勢で
- リーダーの五つの危険

現場での対応はマニュアルがすべてとは限らない
いらっしゃいませ!!

臨機応変に対応

マ…マニュアルどおりやってるんですけどね…
もっと臨機応変に行動したらどうだ！その状況にあわせて動かなければ契約はとれん！

万全の態勢で臨む

希望的観測はいただけませんどんな状況になっても対応できるように万全の態勢をととのえておかなければ…
……

回受けてはいけない命令もある

「君命に受けざる所あり」

訳　君命には受けて（従って）はならない君命もある

イエスマンばかり集めてはいけない

そりゃあもう
常務のおっしゃる
とおりですわ！
ハハハ
そうだろう

『孫子』では、君主が無謀な命令を下してきた場合、将軍はその君命を拒絶しなければならないとしている。組織の一員である以上、上司の命令に従うのは当然。基本的には命令に背くことは許されない。しかし、ときには従ってはならない命令もある。法令違反はもちろん、企業倫理・会社の利益に反する命令などは拒絶するべきだ。そして、その命令を正すことが求められる。また、経営者の立場では、自分の言うことに賛同してばかりいる、いわゆるイエスマンよりも、反対意見を唱える者の話に耳を傾けるべきといえよう。

ときには避けることも必要

『孫子』では、通ってはならない道路、攻撃してはならない敵、攻めてはいけない城、奪ってはならない土地、受けてはならない君命があるとしている。

- 道路 → 通ってはならない道もある
- 敵軍 → 攻撃してはならない敵もある
- 城 → 攻めてはならない城もある
- 土地 → 奪ってはならない土地もある
- 君命 → 受けてはならない君命もある

島君、目をつぶってやってくれないか

従ってはならない命令もある。

そ…その命令に従うわけにはいきません！

読み下し文

塗《みち》に由《よ》らざる所あり。
軍に撃たざる所あり。
城に攻めざる所あり。
地に争わざる所あり。
君命に受けざる所あり。

ビジネスに活かす 孫子の教え

基本的に命令には従うべき。しかし、ときには従ってはならない命令もあるのだ。

回 マニュアルどおりではなく、臨機応変に対処する

「将　九変の利に通ずる者は、用兵を知る
将　九変の利に通ぜざる者は、地形を知ると雖《いえど》も、地の利を得ること能《あた》わず」

訳　違った九通りの処置（九種の応変の対処法）が持つ利益に精通した将軍こそ、軍の用い方をわきまえている。将軍が、九変の利益に精通していなければ、戦場の地形がわかっていても、その地形がもたらす利益を得ることができない

マニュアルがすべてではない

マニュアルには
こう書いて
ありますよ
マニュアルどおり
やればいい
というものではない
状況にあわせて
臨機応変に
対応するんだ

九変とは、臨機応変の運用。その状況にあわせ臨機応変に対処するべきと『孫子』は述べている。ビジネスにおいても、臨機応変に行動することが求められるのはもちろんだ。マニュアルどおり動けばよいというものではない。マニュアルにはない状況に遭遇することもあるはずだ。そんなときは、その状況にあわせて臨機応変に対応しなければならない。マニュアルどおりにしか動けない「マニュアル人間」にはなりたくないものだ。

マニュアル人間にならないためには

ぼ 僕がマニュアル人間ですって？
そうだ 言われたことを機械的にこなすだけで肝心なときに全然動けないじゃないか
どうしたら臨機応変に対応できるようになるんですか？
そうだな…マニュアル人間にならないためには
現場 実践での仕事の経験を積むことだな

読み下し文

故に将　九変の利に通ずる者は、用兵を知る。将　九変の利に通ぜざる者は、地形を知ると雖《いえど》も、地の利を得ること能《あた》わず。

ビジネスに活かす孫子の教え

マニュアルどおりではなく、その状況にあわせて臨機応変に対応・行動するのだ。

回利益と損失の両面から考える

「智者の慮は必ず利害に雑《まじ》う」

訳 智者は、ひとつの事柄を考える場合、必ず利（利益）と害（損失）の両面から物事を考える

プラス面だけでなくマイナス面も見る

たしかに
君の考えた新規事業は
大きな売り上げを
期待できる
だが
君はよいところばかりを
見ているんじゃないか？
この事業を
継続していくためには
かなりのコストが
かかるはずだ

物事を利と害の両面から見ることが述べられている。物事をある一面からだけではなく、二つの面、多方面から見ることは、ビジネスにおいてとても重要であり、日常生活でも大事なことだ。ひとつの事柄に取り組む場合、よい面ばかりに目を奪われ、悪い面を見過ごしてしまいがち。プラス面ばかり見て、事を進めてしまうと、やがてマイナス面があらわれ、失敗してしまうこともある。あらかじめ多面的に見て、悪い面については対策を立てておけば、途中で失敗することもないのだ。

物事を多面的に見る

ひとつの事柄に取り組む場合、よい面・悪い面の両方を知っておく。

よい面・メリット → **ひとつの事柄** ← 悪い面・デメリット

ビジネスでは「費用」対「効果」と捉えることも

投資 コスト（費用） → 利益 効果

投資・コスト（費用）をかけて、
どれだけ利益・効果を
上げられるのか？
「費用」と「効果」の両面から見る

費用対効果の
バランスか…

読み下し文

是《こ》の故に、**智者の慮は必ず利害に雑《まじ》う。**利に雑りて而《すなわ》ち務めは信《まこと》なるべきなり。害に雑りて而ち患《うれ》いは解くべきなり。

ビジネスに活かす 孫子の教え

物事をある一面からだけではなく、多方面から見ることはとても重要。プラス面だけではなくマイナス面も見るようにするべきだ。

回 希望的観測を持たず、万全の態勢で

「其《そ》の来たらざるを恃《たの》むこと無く、吾れの以《もっ》て待つ有ることを恃むなり」

訳 相手がやって来ない（攻撃がない）ことをあてにするのではなく、いつやって来てもよいような備え（攻撃を断念させるような備え）がこちらにあることを頼みとする

景気がよくなれば
わが社の製品も
もっと売れるん
ですけどね
いや
そんな希望的観測
ではダメだ
さらに景気が
悪化しても
対応できるように
しておかなければ

希望的観測を持たず、備えを十分に。

ここでは、相手に振り回されないための主体性を保つことが説かれている。相手が来ないことを期待するのではなく、いつ来てもよい態勢を整えておくことによって、主体性を持って戦えるというわけだ。ビジネスにおいても、「状況がよくなってくれれば…」などと経済状況・環境に期待をかけるのではなく、どんな状況でも万全の態勢でいることが望まれる。希望的観測は持たず、備えを十分にしておく。「備えあれば憂いなし」というわけだ。そうすることによって、主体性を持ってビジネスを行うことができるのだ。

どんな状況でも万全の態勢を

	状況・環境が悪くなると…	
よくなってくれるのでは…という希望的観測	→	その状況に対応不可能
状況が悪化しても対応できるような十分な備え	→	その状況に対応可能

追い込まれると都合のよい可能性にだけ目を向けてしまうが、そういう時ほど都合の悪いことが起きるものだ。神頼みをせず、自力本願でいる人なら、何があっても屈することはないだろう。

業績がよくなるように神社でお祈りしたんだ
その前にやるべきことがあると思うけどね

読み下し文

故に用兵の法は、**其《そ》の来たらざるを恃《たの》むこと無く、吾れの以《もっ》て待つ有ることを恃むなり。**其の攻めざるを恃むこと無く、吾が攻むべからざる所あるを恃むなり。

ビジネスに活かす 孫子の教え

希望的観測は持たず、十分に備え、どんな状況でも万全の態勢でいることが大事なのだ。

「将に五危あり」

訳　将軍にとって五つの危険がある

リーダーの陥りやすい落とし穴

ねえ島さん
ちょっと甘やかしすぎ
じゃない？
いくら女の子でも
たまにはビシッと
言ってやらなきゃ
ハハハ
いいじゃないか
部下に思いやりを持ちすぎることが、
甘やかすことにもつながる

思いやりもほどほどに…。

『孫子』では、将軍は次の五つの危険に陥りやすいという。

- 思慮に欠ける決死の覚悟
- 勇気に欠け、生き延びることばかり考えること
- 短気で怒りっぽいこと
- 清廉潔白であること
- 思いやりを持ちすぎること

ビジネスでいえば、これらはリーダーの五つの危険、リーダーが陥りやすい落とし穴ともいえるのではないだろうか。

リーダーが避けるべき五つの危険

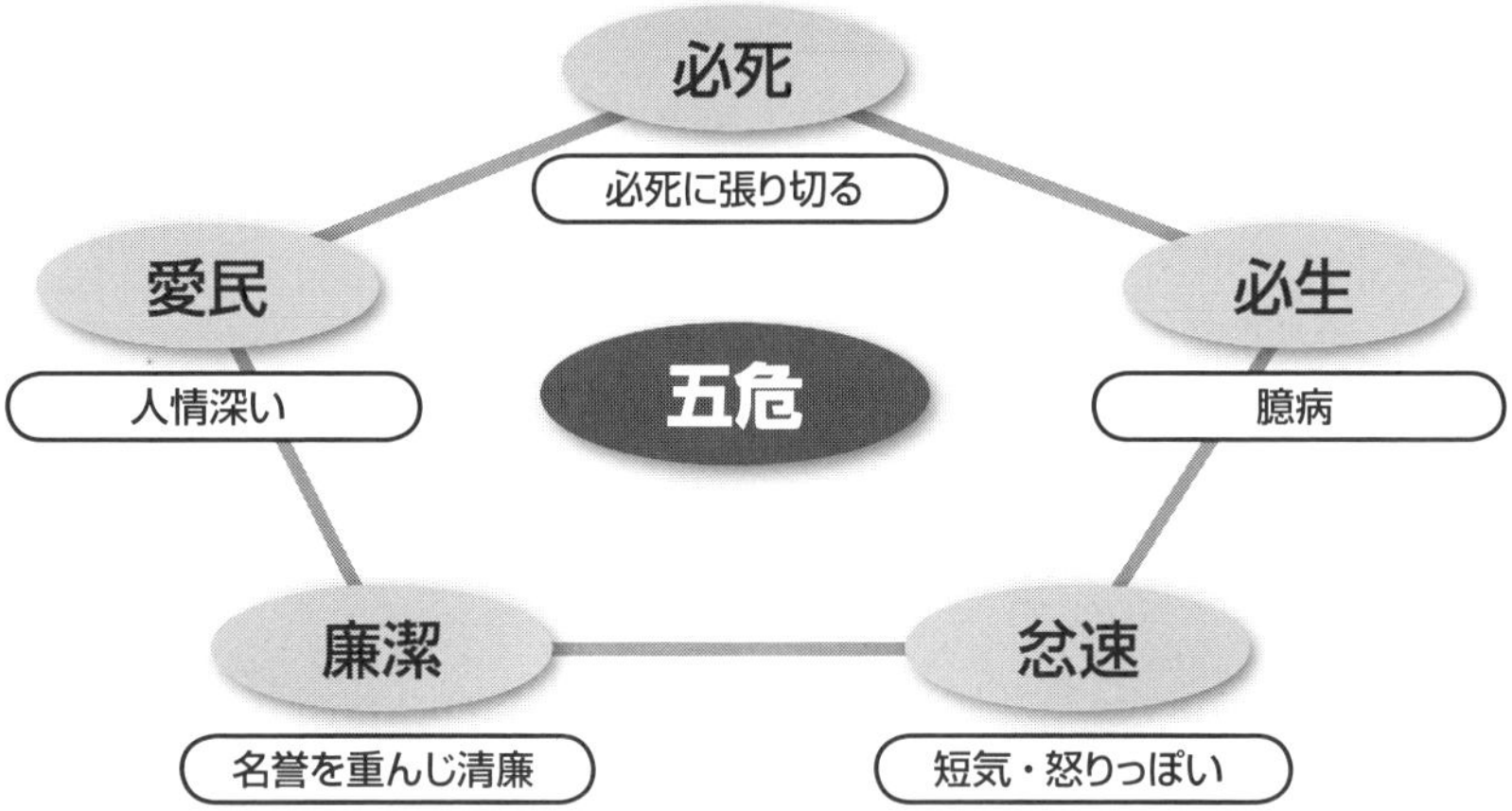
必死
必死に張り切る
必生
臆病
忿速
短気・怒りっぽい
廉潔
名誉を重んじ清廉
愛民
人情深い
五危

これら五つは、すべてプラスの側面からも捉えることができる。ただし、リーダーは、その一方向にだけ傾きすぎてはならない。調和がとれた性格が理想であり、バランス感覚が大切なのだ。

読み下し文

故に**将に五危あり。**必死は殺され、必生は虜《とりこ》にされ、忿速《ふんそく》は侮《あなど》られ、廉潔《れんけつ》は辱《はずか》しめられ、愛民は煩《わずらわ》さる。

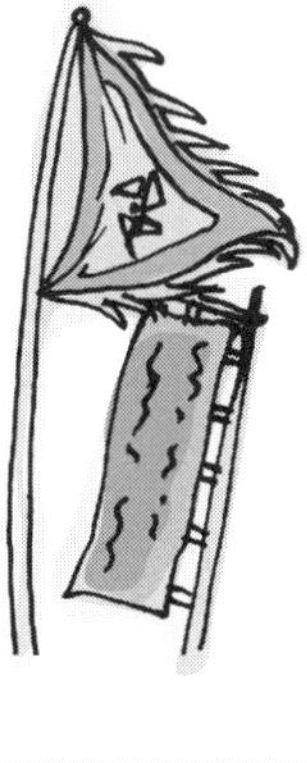

ビジネスに活かす孫子の教え

リーダーは調和がとれた性格が理想であり、バランス感覚が大切なのだ。

第九章「行軍篇」

◉相手の状況を読む
◉リーダーの資質と心得

- 立地・環境にあわせたビジネス
- 相手の状況を分析・察知
- 組織の統制にはリーダーの重みが必要
- 賞罰のバランスが大切
- 組織は人数よりも結束が大切

組織を結束させるのもリーダーの力
部長就任おめでとうございます敬愛する上司が出世することは部下にとっても幸せなんです！

相手の状況を読む

さっきの交渉
どう思われました？
先方は強気なのかと
思いましたが…
いや違う
先方はかなり動揺している
相手をしっかり
観察しているとわかるぞ

リーダーの資質と心得

組織のリーダーには
リーダーとしての
資質が必要だ
そして
リーダーとしての
役割や心得を
しっかり
自覚しておかなければ
ならない

回立地・環境にあわせたビジネス

「山を絶《た》つには谷に依《よ》り、生を視て高きに処《お》り、隆《たか》きに戦いては登ること無かれ」

訳 山越えをするには谷沿いに進み、高みを見つけては高地に布陣し、高い所で戦うときには、上に布陣する敵に向かって攻め上ってはならない

軍を進めるにあたっての注意点が述べられており、行軍の際に留意すべきことが四種類の地勢（山岳・河川・沼《しょう》沢《たく》・平地）ごとに説明されている。つまり、その地形にあった戦い方を説いているのだ。

ビジネスでは、その立地や置かれた環境にあわせた戦略をとることといえる。自社の立地、その地域の利点・特性などを考え、強みを見出し、そこにあわせたビジネスを展開していくのだ。

地域の特性にあわせた戦略

われわれはこの地域の特性にあったビジネスを展開しているのさ

なるほど地域の特性…か

立地・環境に適した戦略・ビジネスを展開

立地・環境にあった

- 商品の販売方法
- 製品の製造
- サービスの提供

HATSUSIBA

立地・環境

利点・特性は？

↓

環境や特性に あわせた戦略・ビジネスを展開

ところで島
この地域の特性は
何だと思う？
そうだな…
まず言えるのは
共稼ぎの世帯が
多いことかな

読み下し文

孫子曰《い》わく、凡《およ》そ軍を処《お》き敵を相《み》ること。**山を絶《た》つには谷に依《よ》り、生を視て高きに処《お》り、隆《たか》きに戦いては登ること無かれ。**

ビジネスに活かす 孫子の教え

立地・環境の利点・特性などにあわせたビジネスを展開するのだ。

回 相手の状況を分析・察知

「敵近くして静かなる者は其《そ》の険を恃《たの》むなり」「鳥の起《た》つ者は伏なり」

訳 敵がこちらの近くまで接近しているのに静かなのは、その地形の険しさを頼りにしているからである
鳥が飛び立つのは敵の伏兵である

各種の兆候から相手の実情を判断、動きを察知する方法を説明している。相手の意図・状況を探るには、些細《ささい》な現象も見逃さず、その兆候を分析するのだ。

これまでにも交渉時に参考となることがたびたび出てきたが、このことも大いに役立つといえよう。交渉相手の意図や実情を探るには、相手の些細なことも見逃してはならない。相手をしっかりと観察し、その様子・徴候を分析する。そうすることによって、相手の意図や状況などを察知するのだ。

相手を観察し、状況を察知する

残念ながら
我々はその事実を
知っています
このことが発覚すれば
御社にとって　決して
プラスには　ならない
でしょう
…

交渉では相手をしっかり観察する

交渉では、相手の意図や状況を察知することが求められる。
些細なしぐさ、表情を見逃さないようにしよう。

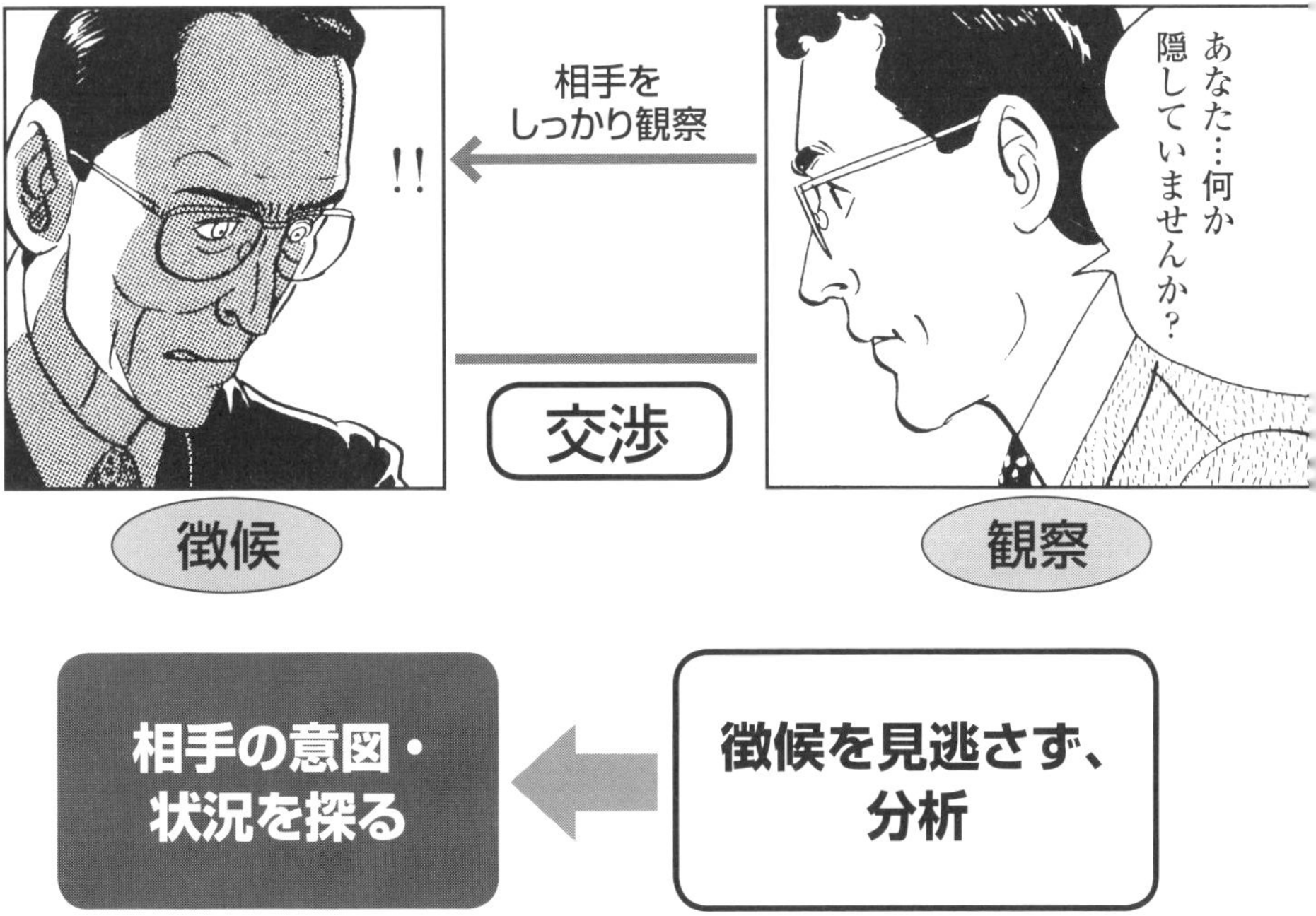
あなた…何か隠していませんか？
相手をしっかり観察
!!
交渉
徴候
観察
徴候を見逃さず、分析
相手の意図・状況を探る

読み下し文

敵近くして静かなる者は其《そ》の険を恃《たの》むなり。敵遠くして戦いを挑《いど》む者は人の進むを欲するなり。其の居る所の易《い》なる者は利するなり。衆樹の動く者は来たるなり。衆草の障《おおい》（蔽）多き者は疑《ぎ》なり。**鳥の起《た》つ者は伏なり。**

ビジネスに活かす
孫子の教え

交渉時には交渉相手をしっかり観察し、相手の意図・状況などを察知するのだ。

「軍の擾《みだ》るる者は将の重からざるなり」

訳 軍営が騒がしい（統制が欠けている）のは、将軍に重み（威厳）がないからだ

困難な状況に置かれた軍隊の様子が記された部分だが、リーダーに重み（威厳）がないと組織の統制が欠けるとしている。

会社組織などにおいても、まったく同じだ。組織におけるリーダーの果たす役割はとても大きく、「組織はリーダーしだい」といっても過言ではない。リーダーには、ある種の重み、威厳が必要。リーダーが威厳をもって組織を掌握する。そうすることによって組織の統制は強くなるのだ。

リーダーには重みが必要

えー ハッシバの
ショールームは現在
全国26ヵ所に
ございまして
くどくど

あの人には
威厳というものが
まったくない
リーダーには向いてないな

リーダーが威厳をもって組織を掌握する

ショールーム課の今野でございます

総合宣伝課の島です

威厳がない

組織はバラバラ

フガ
ズ

威厳

統制

シ〜ン

ビジネスに活かす
孫子の教え

組織のリーダーの果たす役割は大きい。リーダーには、重み（威厳）が求められるのだ。

読み下し文

杖《つえ》つきて立つ者は飢うるなり。汲《く》みて先ず飲む者は渇《かつ》するなり。利を見て進まざる者は労《つか》るるなり。鳥の集まる者は虚《むな》しきなり。夜呼ぶ者は恐るるなり。**軍の擾《みだ》るる者は将の重からざるなり。**

回 賞罰のバランスが大切

「数《しば》数《しば》賞する者は窘《くる》しむなり。数数罰する者は困《つか》るるなり」

訳 しきりに賞を与えるのは軍の士気が低くなって困っているからであり、しきりに罰しているのは兵士が疲れ果てて困っているからである

前項に続いて窮状に陥った軍隊の様子を記したものだ。賞を乱発するのも、やたらと罰するのも、行き詰まっている証拠だという。

ビジネスにおいても賞罰のバランスは重要で、その執行は慎重かつ公平に行われなければならない。部下を怒鳴り散らすだけではダメだが、部下を甘やかすだけでもダメだ。部下のやる気を引き出すとともに、組織を統制するための賞罰の執行が、リーダーには求められるのだ。

部下をほめるだけではダメ

よく
やった
すばらしい
君はきっと社長になるよ

誰にでも
あんなこと言って
ありがたみが
まったくないわ！

組織を統制するためには、適切な賞罰の執行が求められる

部下を叱るばかりではダメだが、甘やかすばかりでもダメ。
バランスが重要だ。

昇給・昇格
社長栄誉賞
報酬
長期休暇
…
賞
罰
叱責
始末書
3%ボーナスカット
減給
…

賞罰のバランスをとる

賞罰のバランスをとることは 部下の信頼を得ることにもつながるんだ
アメとムチのバランスが大切ですね

読み下し文

諄諄翕翕《じゅんじゅんきゅうきゅう》として徐《おもむろ》に人と言《かた》る者は衆を失うなり。**数数《しばしば》賞する者は窘《くる》しむなり。数数罰する者は困《つか》るるなり。**

ビジネスに活かす 孫子の教え

賞罰のバランスが大事であり、その執行は慎重かつ公平に行わなければならないのだ。

組織は人数よりも結束が大切

「兵は多きを益ありとするに非《あら》ざるなり」

訳　兵士の数は多ければよいというものではない

この言葉に続けて『孫子』は、ただ猛進しないようにして、戦力を集中して、敵情の把握につとめていくなら勝利を収めることができるとしている。

ビジネスにおいても、大組織で、「人数が多ければよい」というわけではない。組織が大きくなり、肥大化することによる弊害については64・65ページで触れたとおりだ。人数よりも組織の結束力が重要。指示・命令を徹底し、組織を強く結束させることも、リーダーの大事な役割のひとつなのだ。

うちの工場は従業員が
五人しかいないが
みんな腕がいいんだ

人数が多ければよいというものではない。少数精鋭がよい場合もある。

少数精鋭というわけか
人数が多ければ
いいというものじゃ
ないからな

組織を結束させることもリーダーの役割

少人数の組織

↓

強い結束力

人数よりも組織の結束力が大事。
それを築くのもリーダーの大事な役目だ。

小さな組織の場合は、少数精鋭が理想的だ。

読み下し文

兵は多きを益ありとするに非《あら》ざるなり。惟《た》だ武進すること無く、力を併《あ》わせて敵を料《はか》らば、以て人を取るに足らんのみ。

ビジネスに活かす 孫子の教え

組織は人数が多ければよいというわけではない。人数よりも組織の結束力が重要だ。

第十章「地形篇」

◉リーダーに求められるもの
◉環境を把握

- 失敗はリーダーの過失
- 名誉を求めず責任感を持つこと
- 部下に対する思いやり・上司と部下の絆
- 三つの要素を十分に把握すること

リーダーには信頼できる部下が必要だ
ところで俺はいきなり社長になった何の準備もなしに何の人脈も持たずに社長になった…俺を補佐してくれる強力な人材が必要だ
つまり〝片腕〟が欲しい

リーダーに求められるもの

組織のリーダーには…
いろいろなものが求められるしかし一番必要なのは強い責任感だ

環境を把握

ビジネスではつねに環境を把握しておくことが大事です自社と他社　そして置かれた環境を把握しておくとそれがとても役立ちますよ
わかりました覚えておきます

「此《こ》の六者は天の災《わざわい》に非《あら》ず、将の過《あやま》ちなり」

訳 これらの六つのこと（逃亡する、ゆるむ、落ち込む、崩れる、乱れる、負けて逃げる）は、自然の災害ではなく、将軍自身の過失のせいである

失敗は運が悪かったからではない

プロジェクトがうまく
いかなかったのは…
たまたま
運が悪かったん
ですよ
失敗したのは
運が悪かったから
ではない
リーダーの
君の責任だ

『孫子』は、将軍の指揮に絡《から》む敗北の要因について、自然の災害ではなく、将軍の犯した過失だという。

たとえば、プロジェクトがうまくいかない、失敗したという場合、その原因をどこに求めるべきか？

もちろん環境や経済的な要因などもあるだろうが、そういった問題だけのせいにするべきではない。うまくいかないのは、プロジェクトチームのリーダーの問題が大きい。リーダーの統率力不足やその指揮が失敗を招いていることが多いのだ。失敗は基本的にリーダーの責任、「リーダーの過失」だといっても過言ではないだろう。

プロジェクトの失敗はリーダーの責任

プロジェクトの失敗 ＝ 過失

プロジェクト

リーダー

組織の
事業・仕事が失敗、
うまくいかない

＝

組織の
リーダーの過失
（統率力不足、指示・命令の不明確など）

読み下し文

故に、兵には、走る者あり、弛《ゆる》む者あり、陥《おちい》る者あり、崩《くず》る者あり、乱るる者あり、北《に》ぐる者あり。凡《およ》そ**此《こ》の六者は天の災《わざわい》に非《あら》ず、将の過《あやま》ちなり。**

ビジネスに活かす孫子の教え

失敗は基本的にリーダーの責任。リーダーの統率力不足やその指揮が大きな原因だ。

名誉を求めず責任感を持つこと

「進んで名を求めず、退いて罪を避けず」

訳　突き進むときに功名を求めず、退却するときもその責任を回避しない

謙虚で強い責任感を持つリーダー

今回の失敗は部下の責任ではありません
すべて上司である私の責任です
よく言った君は会社の宝だ

失敗は上司の責任。責任回避はしない。

名誉や功績を欲せず、罪や汚名を恐れず、ひたすら民衆の生命を大切にし、君主や国家の利益にも合う将軍は、国家の宝だと『孫子』はいう。自分の利益、出世だけを目的に仕事をしていないだろうか？　仕事の目的は出世だけではないはずだ。

仕事の姿勢として、特にリーダーは名誉・功名心を求めず謙虚でありたい。また責任を回避せず、強い責任感を持ちたい。難しいことかもしれないが、そうした気持ちで仕事に取り組みたいものだ。

「成功は部下の功績」「失敗は上司の責任」が理想

自分の利益、出世だけを目的に
仕事をしない。リーダーは常に
謙虚でありたい。

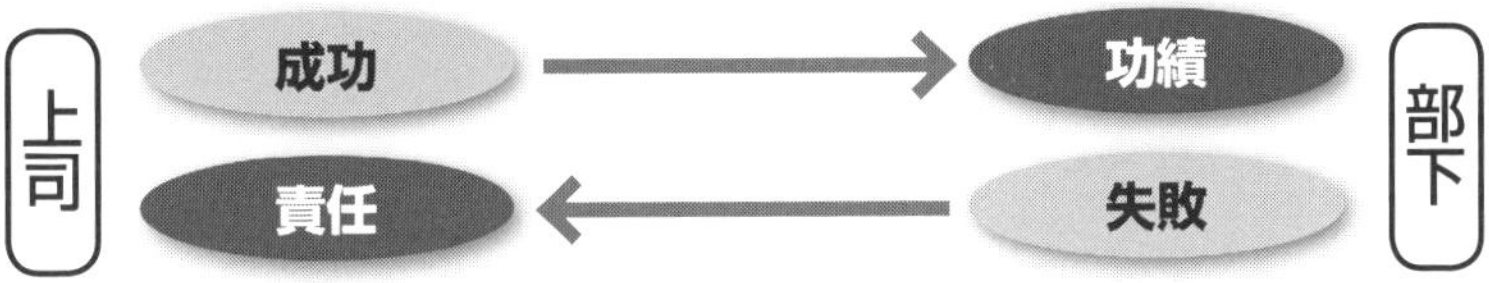
上司
成功
功績
責任
失敗
部下

上司の成功は部下の功績、部下の失敗は上司の責任

読み下し文

故に**進んで名を求めず**、**退いて罪を避けず**、唯《た》だ民を是れ保ちて而《しか》して利の主に合うは、国の宝なり。

ビジネスに活かす 孫子の教え

リーダーは、名誉・功名心を求めず謙虚であり、責任を回避せず強い責任感を持つことが求められるのだ。

「卒を視ること嬰児《えいじ》の如《ごと》し」

訳　兵士たちをいとおしい赤ん坊のように見て可愛がっていく

部下に対する思いやりを持つ

今回の罪は大きいぞ本来ならしばらく謹慎にしたいところだが…
まぁ反省したようだから許してやろう！

『孫子』は、兵士たちを可愛いわが子のように見ていくと、兵士たちと戦場で生死をともにできるという。しかし、ただ可愛がるばかりで、厳しさに欠けるのはダメだと指摘する。

ビジネスにおいても部下に対する思いやり、心のつながりは重要。上司と部下との人間的な絆《きずな》によって、強い信頼関係が生まれるのだ。ただし、甘やかすだけではダメだ。その部下のためにならないのはもちろん、部下の言いなりになるばかりでは、組織の統制がとれなくなるからだ。

部下への思いやりが強い信頼関係を生む

担当しているページはすべて完了しましたのでお先に失礼します

わがままな部下

いいよ いいよ じゃ君は先に帰れ

甘やかす上司

↓

統制がとれない

来月 熊本営業所に転勤するように言われました

不当な扱いを受けた部下

安心しろ そんな勝手なことはこの俺がさせない！

思いやる上司

↓

強い信頼関係

読み下し文

卒を視ること嬰児《えいじ》の如《ごと》し、故にこれと深谿《しんけい》に赴《おもむ》くべし。卒を視ること愛子の如し、故にこれと倶《とも》に死すべし。

ビジネスに活かす 孫子の教え

部下に対する思いやりが重要。ただし、甘やかすだけではダメだ。

三つの要素を十分に把握すること

「兵を知る者は、動いて迷わず、挙げて窮せず」

訳 戦に精通した人は、（敵、味方、地形を十分に把握して行動するので）軍を動かしてから迷うことがなく、苦境に立たされることもない

『孫子』は、勝利する条件として、「敵軍の状況」「自軍の状況」「地形の状況」の三つをあげている。謀攻篇の「彼れを知りて己《おの》れを知れば～」の考え方（48ページ）に、「地形」を三つ目の要素として加えたものだ。「地形」はビジネスでいうと、置かれた立場・環境、立地などにあたるだろう。この考え方をビジネス的に整理すると次のようになる。

①外部、市場、競合他社の状況
②内部の組織、自社の状況
③置かれた立場、環境など

この三つの要素を十分に把握することが重要だ。

三つの要素を把握する

競合他社の状況とわが社の内部状況をつかむんだ
そして置かれた環境を把握する
万全ですね！
ハハハ そうだろう

「相手」「自分」「環境」の三要素を十分に把握する

外部の状況、内部の状況、置かれた立場の三つを把握する。
三つを把握してから動き出せば、苦境に立たされることもないだろう。

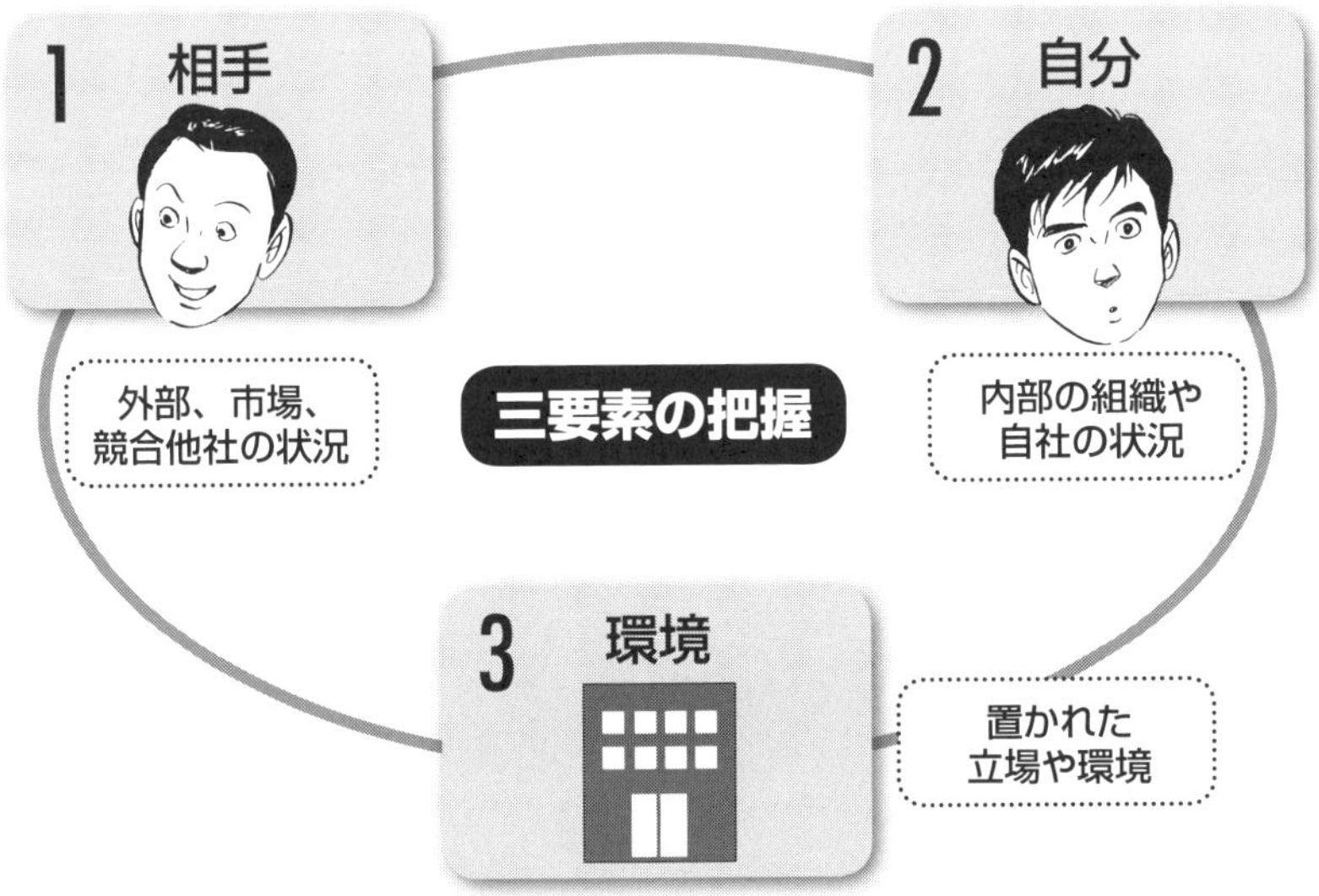
1 相手
外部、市場、競合他社の状況
2 自分
内部の組織や自社の状況
三要素の把握
3 環境
置かれた立場や環境

この三つの要素を十分に把握し、行動すれば万全だ

ビジネスに活かす
孫子の教え

相手、自分、環境の三つの要素を十分に把握することが重要なのだ。

読み下し文

故に**兵を知る者は、動いて迷わず、挙げて窮せず。**故に曰《い》わく、彼れを知りて己れを知れば、勝乃《すなわ》ち殆《あや》うからず。地を知りて天を知れば、勝乃ち全《まっと》うすべし。

第十一章「九地篇」

◎一致団結するには
◎やる気を引き出す術

- 相手のウィークポイントをフォロー
- 組織は柔軟でありたい
- 一致団結するには～「呉越同舟」
- リーダーは冷静で、個人的な感情を表に出さない
- 「背水の陣」厳しい状況から活路を開く
- 相手を油断・安心させ、一気に交渉を進める！

一致団結するには

「呉越同舟」という言葉を知っているか？
いざというときには一致団結するものだ彼らも同じだ

やる気を引き出す術

君には　もう逃げ場がないぞ背水の陣だ
わかっていますもう　がんばるしかありません

回 相手のウィークポイントをフォロー

「先《ま》ず其《そ》の愛する所を奪わば、則ち聴かん」

訳 相手に先んじて相手の重視している所を奪い取れば、こちらの思い通りになる

敵が万全の態勢で攻めてきたときの対処法についてのべたくだり。敵の重視している所を奪えば、敵はそこを奪い返そうとして、ととのえた態勢を崩すというものだ。

相手の要、またはウィークポイントをねらうこと、といえるが、ビジネスでは相手の弱みにつけ込むようなことを行うべきではない。逆に相手の弱いところをフォローするべきだ。そうすれば、相手はこちらを信頼し、良好な関係を築くことができるのだ。

弱みにつけ込まない

弱みにつけ込むようなまねはするべきではない

弱いところをフォローしてやるぐらいの気持ちでいなければ…

相手の弱みにつけ込むのではなく、フォローする

いいじゃないか
私と一緒に
思い切り社長に
嫌われようじゃ
ないか!
は……はい!
Family Mart
24OPEN
元祖 長浜屋 ラーメン

相手の弱いところをフォローし、信頼関係を深める。

読み下し文

敢えて問う、敵 衆整にして将《まさ》に来たらんとす。これを待つこと若何《いかん》。曰わく、**先《ま》ず其《そ》の愛する所を奪わば、則ち聴かん。**

ビジネスに活かす 孫子の教え

相手の弱みにつけ込むのではなく、相手の弱いところをフォローするべきだ。

回 組織は柔軟でありたい

「善く兵を用うる者は、譬《たと》えば率然《そつぜん》の如《ごと》し」

訳 戦上手は、たとえば率然（山に棲んでいるへび）のようなものである

率然とは蛇のこと。その頭を攻撃すれば尾が反撃し、その尾を攻撃すれば頭が反撃し、その腹を攻撃すると頭と尾が同時に反撃してくるという。このことも会社などの組織にたとえて考えることができよう。硬直化した組織は、どこかにひびが入れば、そこからガラガラと崩れていくことがある。脆《もろ》いものだ。それに対し、組織が柔軟であれば、どこかにダメージを受けても、周囲などがカバーする。どのような状況にも臨機応変に対応できるよう、組織は柔軟でありたい。率然のように。

硬直化した組織は脆い

硬直化した組織は少しの亀裂が入っただけでも崩れていくものだ
まったく脆いものですね気をつけなければ…

柔軟な組織は、ダメージを受けても周囲がカバーする

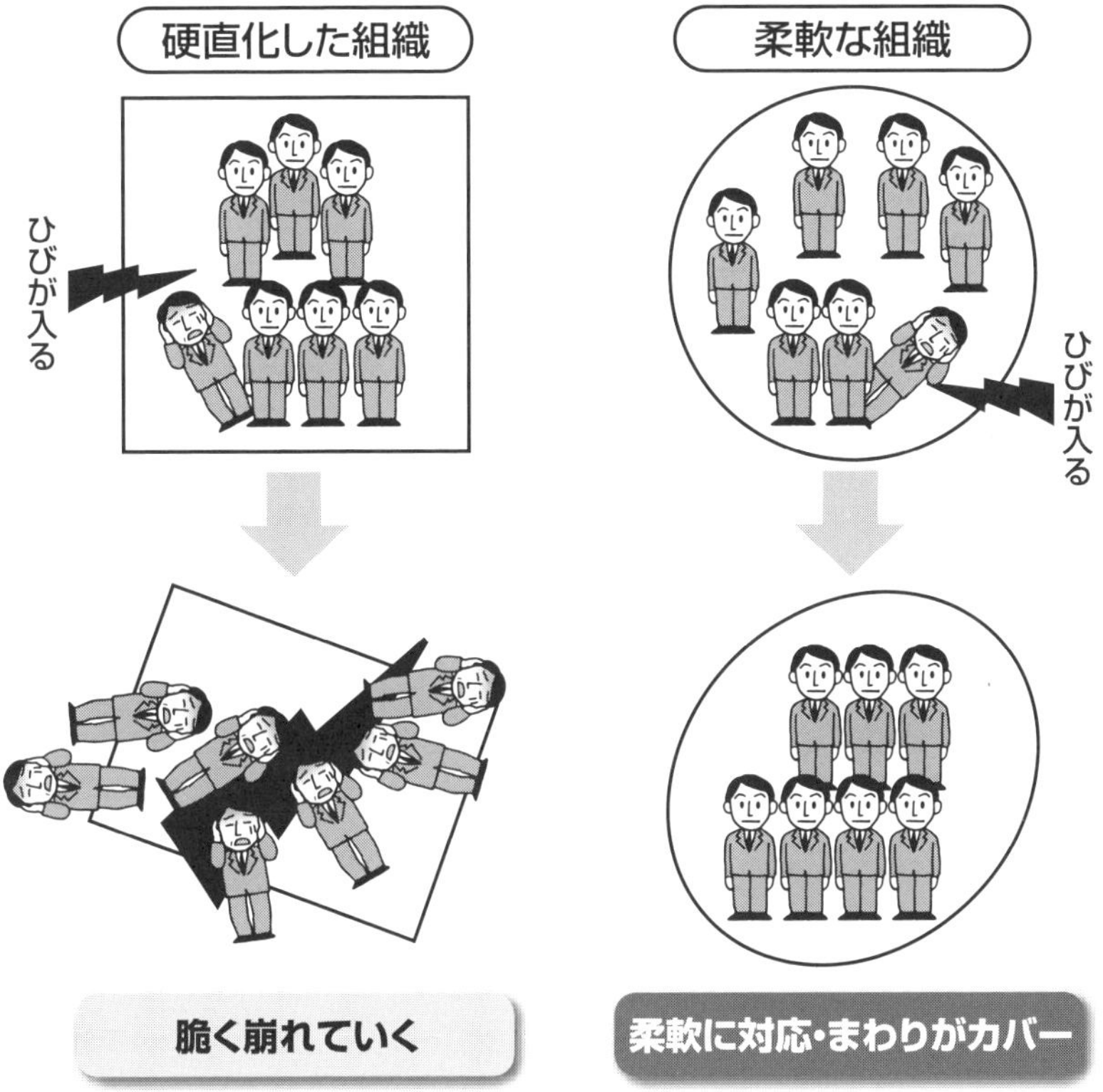

読み下し文

故に**善く兵を用うる者は、譬**《たと》**えば率然**《そつぜん》**の如**《ごと》**し**。率然とは常山の蛇なり。其の首《しゅ》を撃てば則ち尾至り、其の尾を撃てば則ち首至り、其の中を撃てば則ち首尾倶《とも》に至る。

ビジネスに活かす 孫子の教え

組織には、どんな状況にも臨機応変に対応できる柔軟さが求められるのだ。

「呉人《ごひと》と越人《えつひと》との相《あ》い悪《にく》むや、其《そ》の舟を同じくして済《わた》りて風に遇うに当たりては、其の相い救うや左右の手の如《ごと》し」

訳 呉の国の人と越の国の人は互いに憎しみあう仲。それでも一緒に同じ舟に乗って川を渡り、途中で暴風にあった場合、左右の手のように協力して助けあうはずだ

「呉越同舟《ごえつどうしゅう》」という言葉のもとになったくだりだ。前項に続けて兵士たちにやる気を起こさせ、兵士たちを団結・協力しあうようにするための方策を説いている。

これはビジネスにも当てはまること。人間、ある程度せっぱ詰まった状態に陥ると、一致団結して必死にがんばろうとするものだ。危機感を与えると、自発的に動くようになったりもする。しかし、やみくもに不安を与えたり、ただ逃げ道のない状態に置けばよいというものではない。その点において注意が必要だ。

苦しいときほど、一致団結を！

原材料が　こうも値上がりしてしまっては　大変だよ
でも　大変なときは　まわりの工場と一致団結してがんばるのさ

切迫した状態で一致団結！

組織は追いつめられたときほど団結力が高まる。これを利用するのも効果的な手段だ。

一致団結するために、切迫した状態を意図的に作り上げるのも有効な手段だ。しかし、いたずらにプレッシャーをかけるのも好ましくない。適度な緊張感が望ましいだろう。

読み下し文

敢《あ》えて問う、兵は率然の如くならしむべきか。曰《い》わく可《か》なり。夫《そ》れ**呉人《ごひと》と越人《えつひと》との相い悪《にく》むや、其《そ》の舟を同じくして済《わた》りて風に遇うに当たりては、其の相い救うや左右の手の如《ごと》し。**

ビジネスに活かす 孫子の教え

ある程度せっぱ詰まった状態になったり、危機感を与えると、一致団結してがんばるようになるのだ。

リーダーは冷静で、個人的な感情を表に出さない

「将軍の事は、静かにして以て幽《ふか》く、正しくして以て治まる」

訳 将軍たる者は、あくまで冷静で（内心を窺い知られぬほど）奥深く、公正に処置する（厳正な態度で臨む）ので、軍が整然と統治されるのである

この部分に続けて『孫子』はいう。将軍は、兵士たちにねらい・真意を気づかれないようにし、兵士たちを絶体絶命の窮地に追い込んで戦わせる。これが将軍の任務であると。

絶体絶命の窮地に陥った場合については次項に譲るが、リーダーはあくまで冷静であることが求められる。個人的な感情を表面に出すことなく、その指示・命令は公正かつ的確でなければならない。個人的な感情で部下に命令を下すようなことがあってはならないのだ。

個人的な感情を表面に出さない

理想のリーダー

リーダーは常に冷静であることが求められる。また、その指示は公正かつ的確でなければならない。

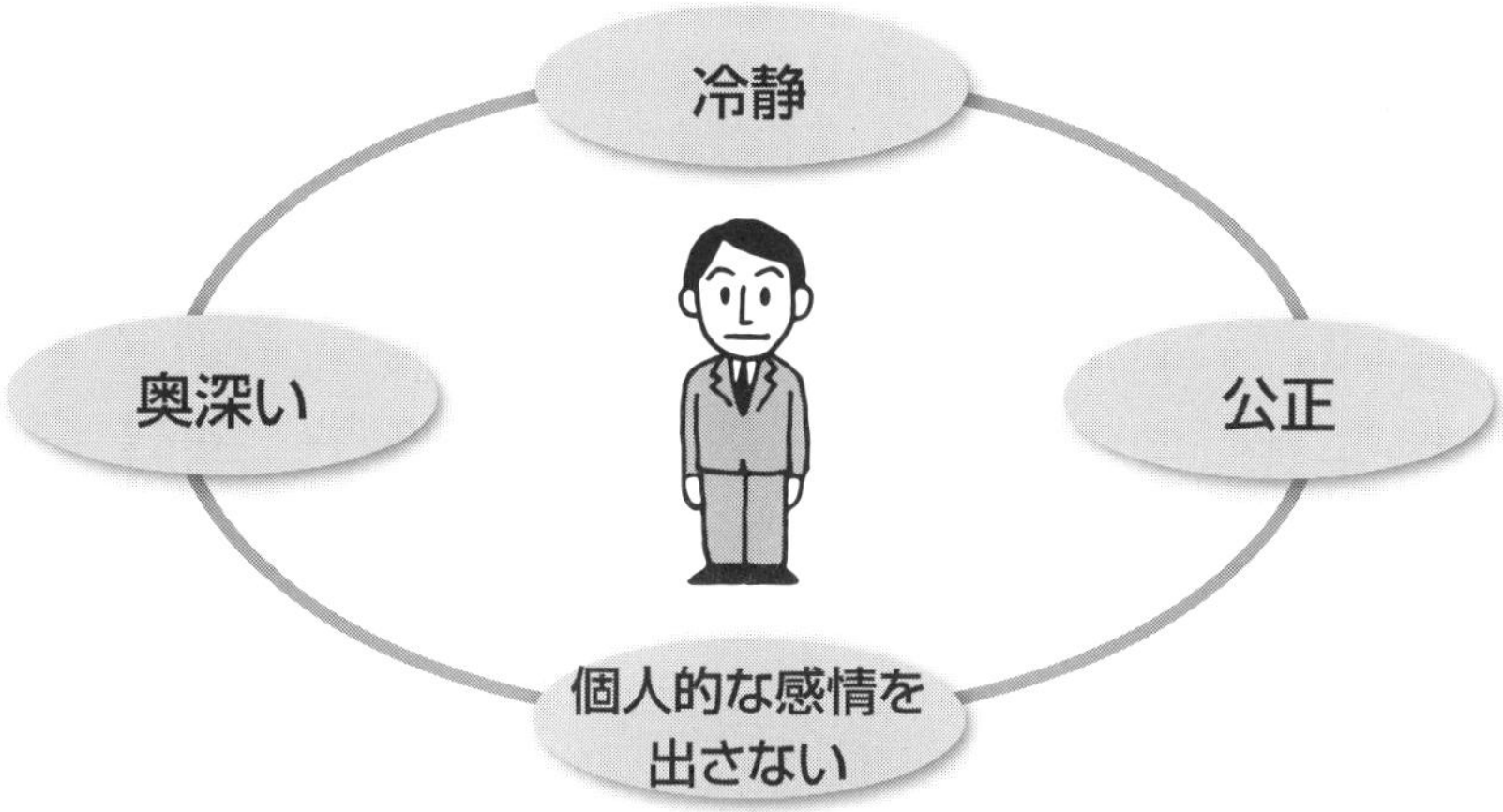
冷静
奥深い
公正
個人的な感情を出さない

人の上に立つ者は常に冷静で奥深さがあるものだわ
指示も適切ですしね
でも　あなたは どうかしら？
……

読み下し文

将軍の事は、静かにして以て幽《ふか》く、正しくして以て治まる。能《よ》く士卒の耳目を愚《ぐ》にして、これをして知ること無からしむ。

ビジネスに活かす
孫子の教え

リーダーは冷静であること。個人的な感情を表面に出すことなく、その指示・命令は公正かつ的確でなければならないのだ。

回「背水の陣」厳しい状況から活路を開く

「衆は害に陥《おちい》りて然る後に能《よ》く勝敗を為す」

訳 兵士たちは、とてつもない危機に陥ってこそ、はじめて勝敗を自由にすることができる（死力を尽くして戦うものだ）

逃げ場がない状況に陥ると、兵士たちは死力を尽くして戦うという。

「背水の陣」という言葉があるが、ビジネスにおいても、厳しい状況、窮地に陥ってこそ活路が開けることもあるのだ。部下を厳しい状況に追い込んで、やる気を引き出すのもテクニックのひとつ。だからといって、部下を追い込みすぎるのはよくない。さじ加減が大切。逆に部下ではなく、ときには自分自身を窮地に追い込むことも必要。思わぬ力を発揮できるかもしれない。

逃げ場がない状態・背水の陣

うちの工場は
もう逃げ場がない状態さ
でも　部下たちは
今まで以上に
頑張ってくれてるよ
背水の陣
ですね

背水の陣に追い込まれ、活路を開く

このところ
案件が重なっている
ようじゃないか
そのくせ　人材が
不足している
どうするつもりだ？

もう
やるしかないじゃないか！
乗り切ってやるよ！

厳しい状況に追い込んでやる気を引き出すのもテクニックのひとつ。とはいえ、追い込みすぎるのはよくない。

力を発揮
背水の陣
逃げ場がない厳しい状況
活路を開く

読み下し文

これを亡地に投じて然《しか》る後《のち》に存し、これを死地に陥《おとしい》れて然る後に生く。夫《そ》れ**衆は害に陥《おちい》りて然る後に能《よ》く勝敗を為す。**

ビジネスに活かす　孫子の教え

厳しい状況、窮地に陥ってこそ活路が開けることもあるのだ。

回 相手を油断・安心させ、一気に交渉を進める！

「始めは処女の如《ごと》くにして、敵人 戸を開き、後は脱兎《だっと》の如くにして、敵 拒《ふせ》ぐに及ばず」

訳 最初は乙女のようにしおらしく振舞うと、敵は油断してすきを見せ、その後は逃げる兎のようにするどく攻めてたてる。そうすると敵は防ぎようがない

戦の駆け引きについて述べたものだ。これまでにも交渉時の心構えやテクニックが出てきたが、このことも、まさしく交渉時に役立つものといえよう。相手を安心させ、油断したら一気に交渉を進めるのだ。

そこでポイントとなるのが、相手を安心・油断させること。そのためには話し方や表情、態度などが大事。相手が安心するような和やかな雰囲気を作り出すのだ。

相手を油断させる交渉術

ニコニコ
ニコニコ
和やかな表情で相手を油断させる。

始めは処女の如くにして…
後には脱兎の如くにして…
まさしくこのことだ

相手を安心させ、一気に交渉を進める

交渉時には、相手が安心するような雰囲気作りを心がける。
相手が油断しているところで、一気に決着を！

読み下し文

是の故に始めは処女の如《ごと》くにして、敵人 戸を開き、後は脱兎《だっと》の如くにして、敵 拒《ふせ》ぐに及ばず。

ビジネスに活かす 孫子の教え

相手が油断したら一気に交渉を進める。そのためには相手を安心させること。話し方や表情、態度などが大事なのだ。

第十二章「火攻篇」

◎目的を達成すること
◎タイミングと状況判断

・目標を達成するために努力する
・リーダーに求められる冷静な判断
・状況を見極め、不利な状況では動かない

目的を達成すること

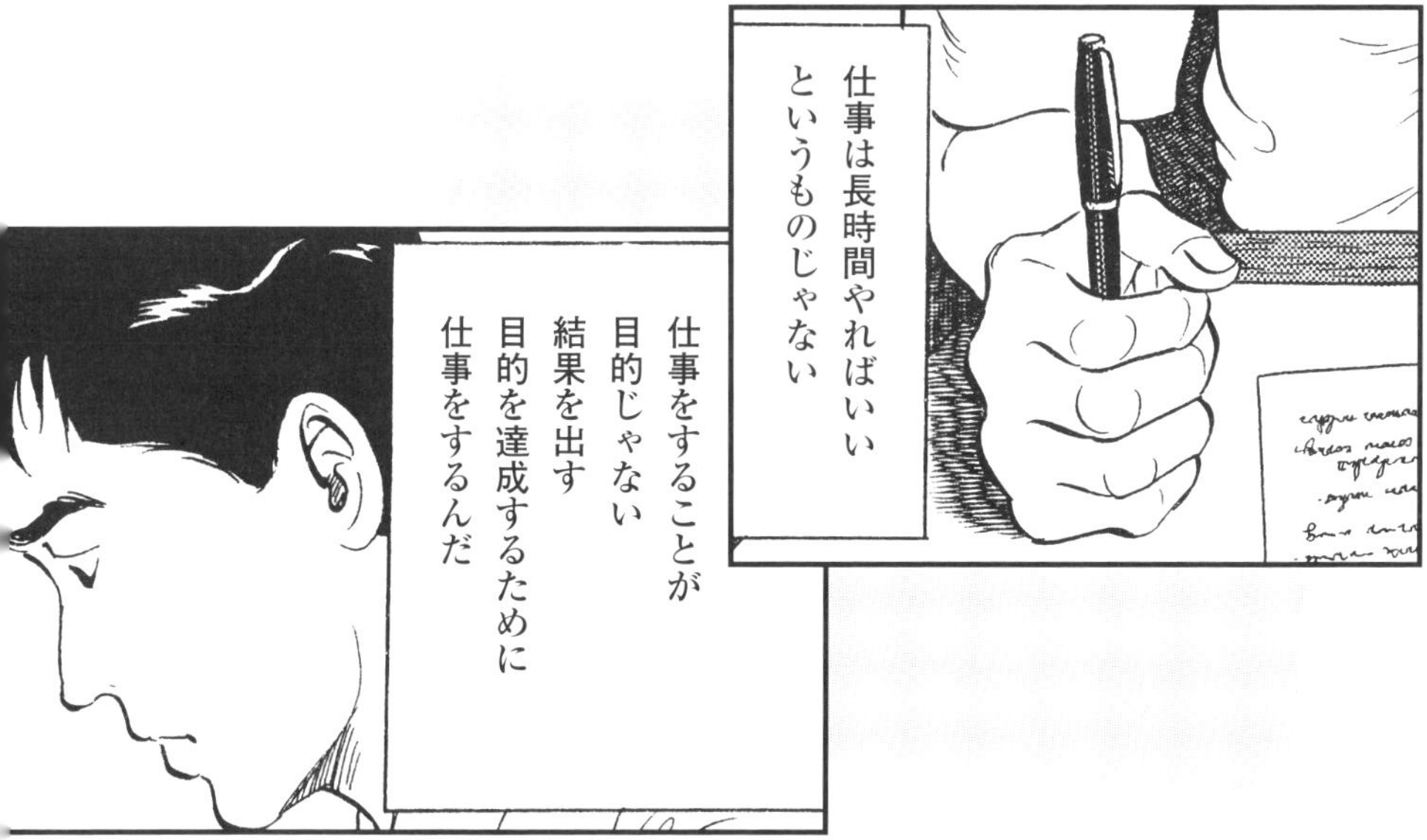
仕事は長時間やればいい
というものじゃない
仕事をすることが
目的じゃない
結果を出す
目的を達成するために
仕事をするんだ

タイミングと状況判断

すまん
俺　いつも
タイミングが悪くて…
タイミングを
つかむためには
日頃から状況を
見極める眼を
養っておくことね

目標を達成するために努力する

「戦勝攻取して其《そ》の功を修めざる者は凶なり」

訳
戦いに勝って攻撃して奪取しても、その成功を追求しない（戦争目的を達成できない）で、無駄な戦争を続けるのは不吉なことである

戦いに勝っても、戦いの目的を達成できなければ、それは失敗。費留《ひりゅう》――無駄な費用をかけてぐずぐずしている――と名づける、と『孫子』は語る。

仕事には結果が求められる。結果を出そうとせずにダラダラと仕事を続けるべきではない。一生懸命努力するのはよいが、努力すること自体が目的ではない。目標を達成するために、結果を出すために、努力するのだ。そのためには、やみくもに行うのではなく「目標設定」→「計画」→「実行」→「チェック」のサイクルで仕事をするよう心掛けよう。

明確な目標を掲げ、達成度もチェック！

うちの今月の目標はこれです
A品が20000にB品が3000どれだけできているか定期的にチェックしています

目標を達成するために努力する

仕事には結果が求められる。やみくもに努力をするのではなく、目標を定めてから動き出そう。

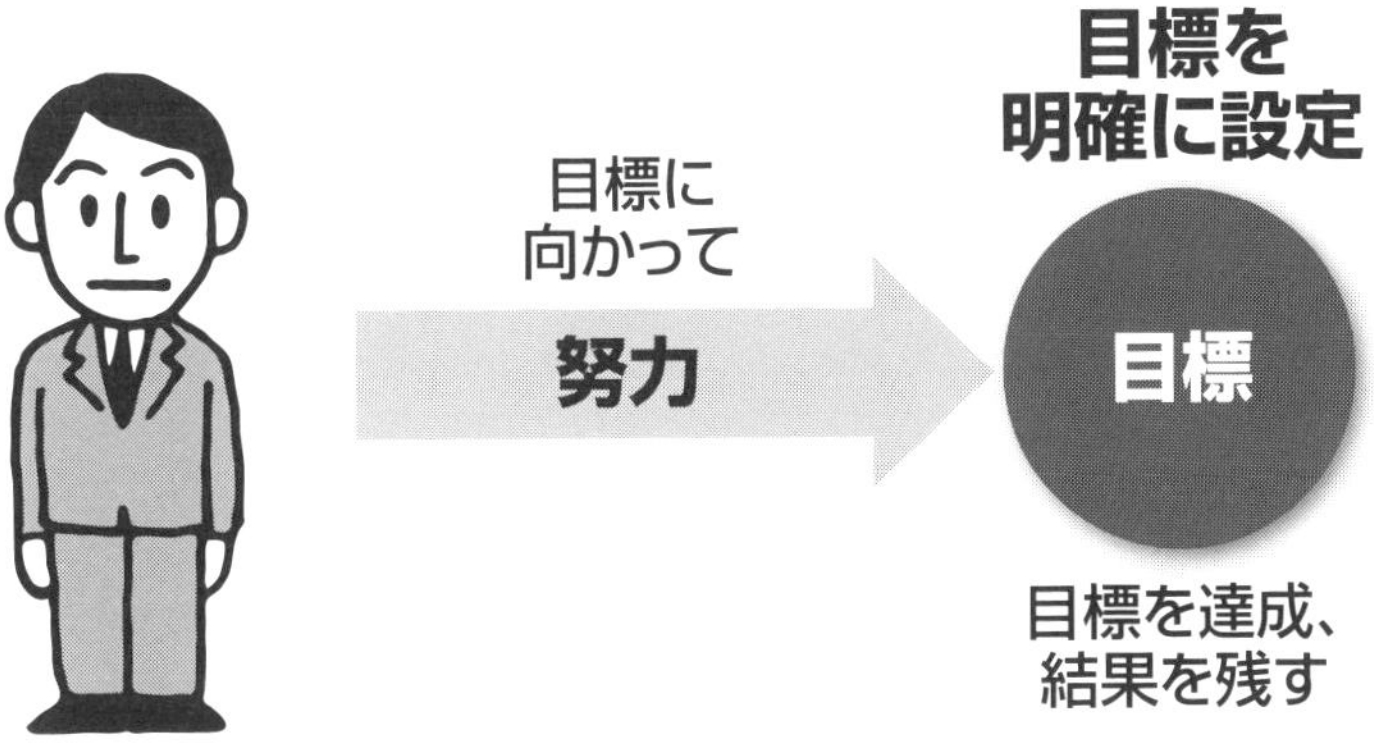
目標を
明確に設定
目標に
向かって
努力
目標
目標を達成、
結果を残す

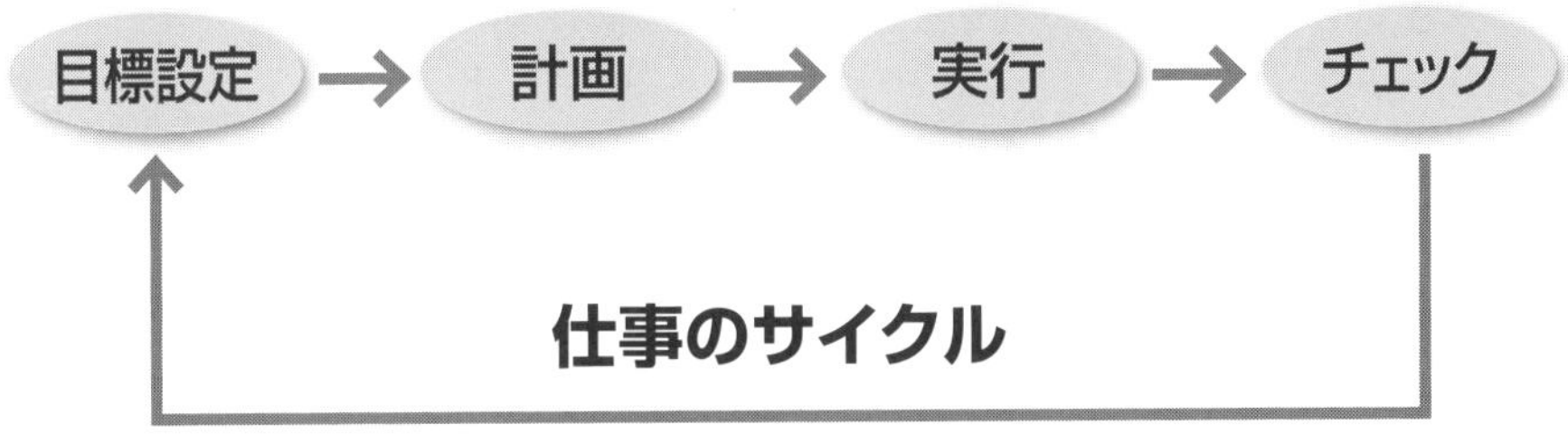
目標設定
計画
実行
チェック
仕事のサイクル

ビジネスに活かす 孫子の教え

仕事には結果が求められ、結果を出そうとせずにダラダラと仕事を続けない。目標を達成するために努力するのだ。

読み下し文

夫《そ》れ**戦勝攻取して其《そ》の功を修めざる者は凶なり。**命《なづ》けて費《ひ》留《りゅう》と曰う。

回リーダーに求められる冷静な判断

「主は怒りを以《もっ》て師を興《お》こすべからず」

訳　君主は怒りにまかせて軍をおこすべきではない

リーダーは感情に左右されるな

気持ちはわかるが…ここは冷静にならなければならない
一時の感情で動いてはならない冷静に対応するんだ
はい

この部分に続けて、将軍は憤怒にまかせて戦を始めるべきではないと『孫子』は説く。

組織のリーダーは感情に左右されてはならず、冷静な判断が求められるということだ。このことについては九地篇（142ページ）でも触れたが、冷静な判断を下すには、そこに個人の感情が入ってはならないのだ。

リーダーが一時の感情にまかせて突っ走ると、組織全体も暴走してしまうことになる。組織のリーダーは感情に左右されてはならないことを肝に銘じておこう。

リーダーには、冷静な判断が求められる

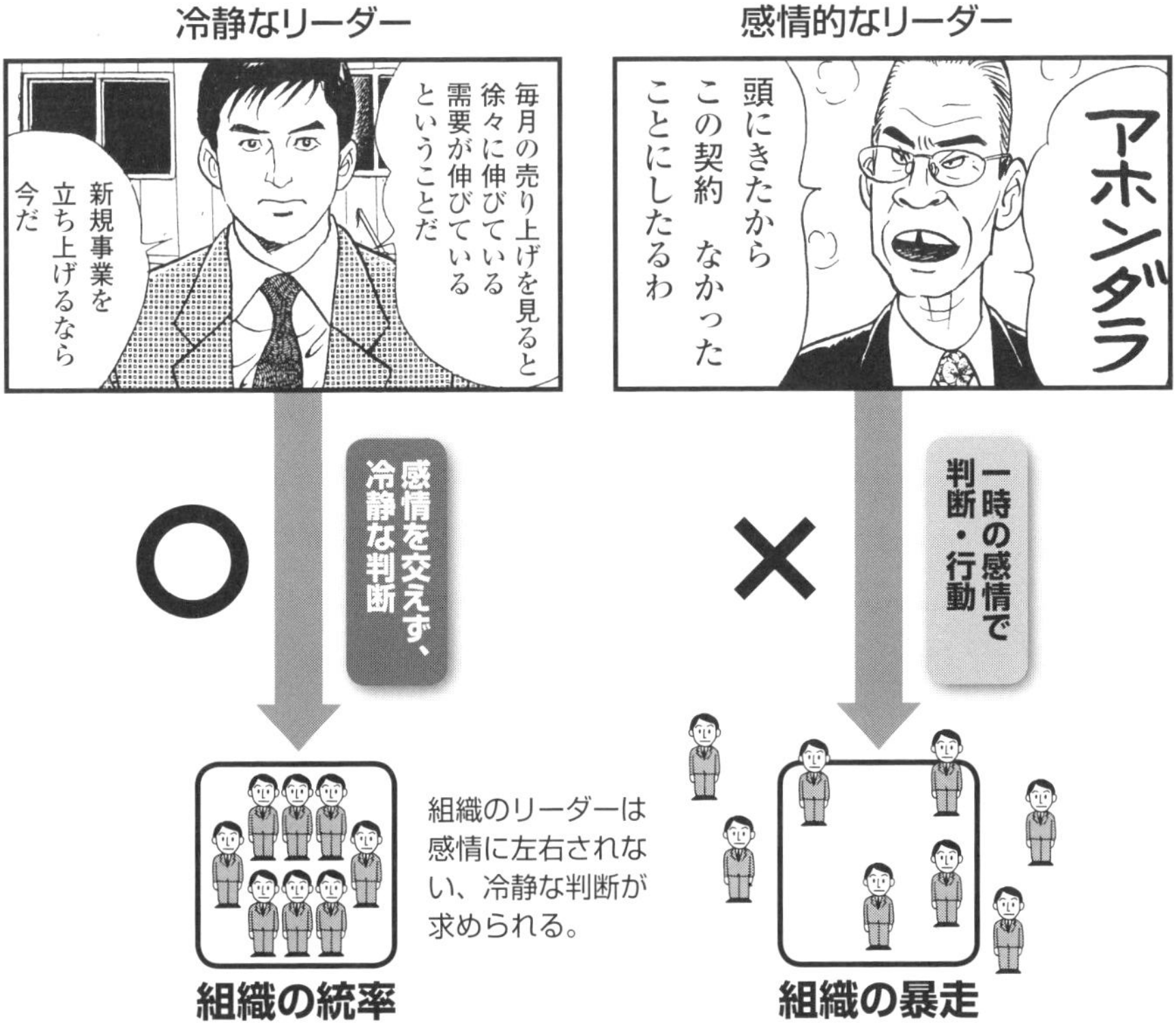
冷静なリーダー
毎月の売り上げを見ると徐々に伸びている需要が伸びているということだ
新規事業を立ち上げるなら今だ
感情的なリーダー
アホンダラ
頭にきたからこの契約　なかったことにしたるわ
感情を交えず、冷静な判断
一時の感情で判断・行動
組織の統率
組織の暴走

組織のリーダーは感情に左右されない、冷静な判断が求められる。

読み下し文

主は怒りを以《もっ》て師を興《お》こすべからず。将は慍《いきどお》りを以て戦いを致すべからず。

ビジネスに活かす 孫子の教え

組織のリーダーは感情に左右されてはならず、冷静な判断が求められるのだ。

回 状況を見極め、不利な状況では動かない

「利に合えば而《すなわ》ち動き、利に合わざれば而ち止まる」

訳　有利な状況であれば（利益にあえば）行動を起こし、有利な状況でなければ（利益にあわなければ）中止する

この部分に続けて『孫子』は次のように説く。怒りは時が経てば喜びに変わる。憤怒もいつしか消えて愉快となれる。しかし、戦争をして失敗すれば、滅んだ国はもう一度立て直すことはできず、死んだ者も二度と生き返らせることはできない。

有利か不利か？　その状況をしっかり見極め、有利であれば動き、不利であれば動かない。特に組織のリーダーは軽々しく動いてはならず、的確に状況を見極めなければならない。リーダーが状況判断を誤ると、組織全体に大きなダメージを与えることになるからだ。

状況を見極める

状況をしっかりと見極めなければならない今はわが社にとって不利な状況だ
今は動くべきではないな
はいッ

有利か不利か？　状況をしっかりと見極める

有利であれば動き、不利であれば動かない。状況を見極める眼と的確な状況判断が求められる。見極める眼と判断力を養っておきたい。

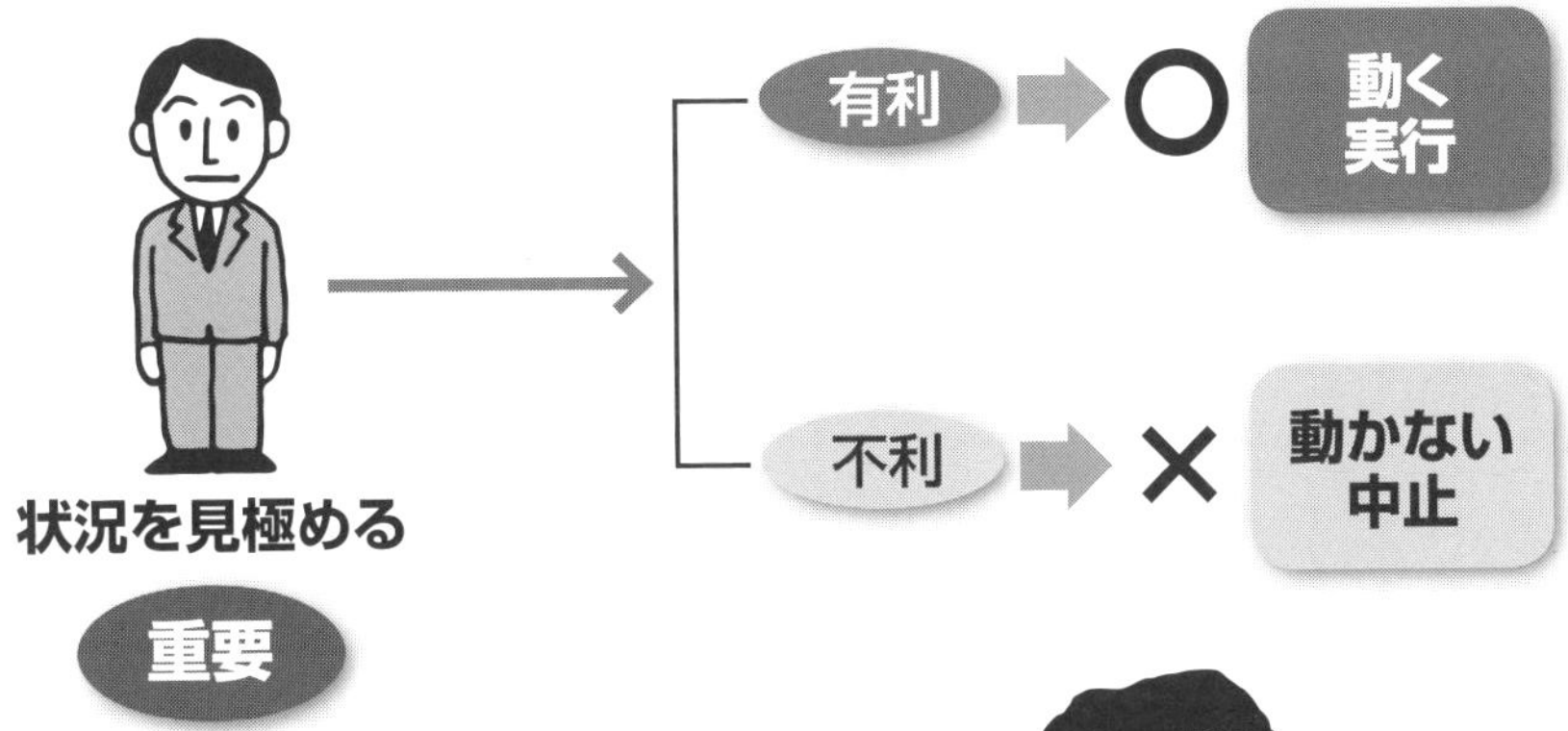
有利
動く
実行
不利
動かない
中止
状況を見極める
重要

昔の戦争の達人は、味方に有利な状況になれば行動を起こし、有利にならなければ、またの機会を待った。こうした状況判断は、ビジネスの現場でも非常に重要だ。

読み下し文

利に合えば而《すなわ》ち動き、利に合わざれば而ち止まる。怒りは復《ま》た喜ぶべく、慍《いきどお》りは復た悦《よろこ》ぶべきも、亡国は復た存すべからず、死者は復た生くべからず。

ビジネスに活かす 孫子の教え

状況をしっかり見極め、有利であれば動き、不利であれば動かないようにするのだ。

第十三章「用間篇」

◎情報の重要性
◎情報収集力が成功のカギを握る

- 事前の情報収集が重要
- 勘に頼るよりも事前の情報
- 情報の管理は厳重に
- 大事なところには優れた人材を投入

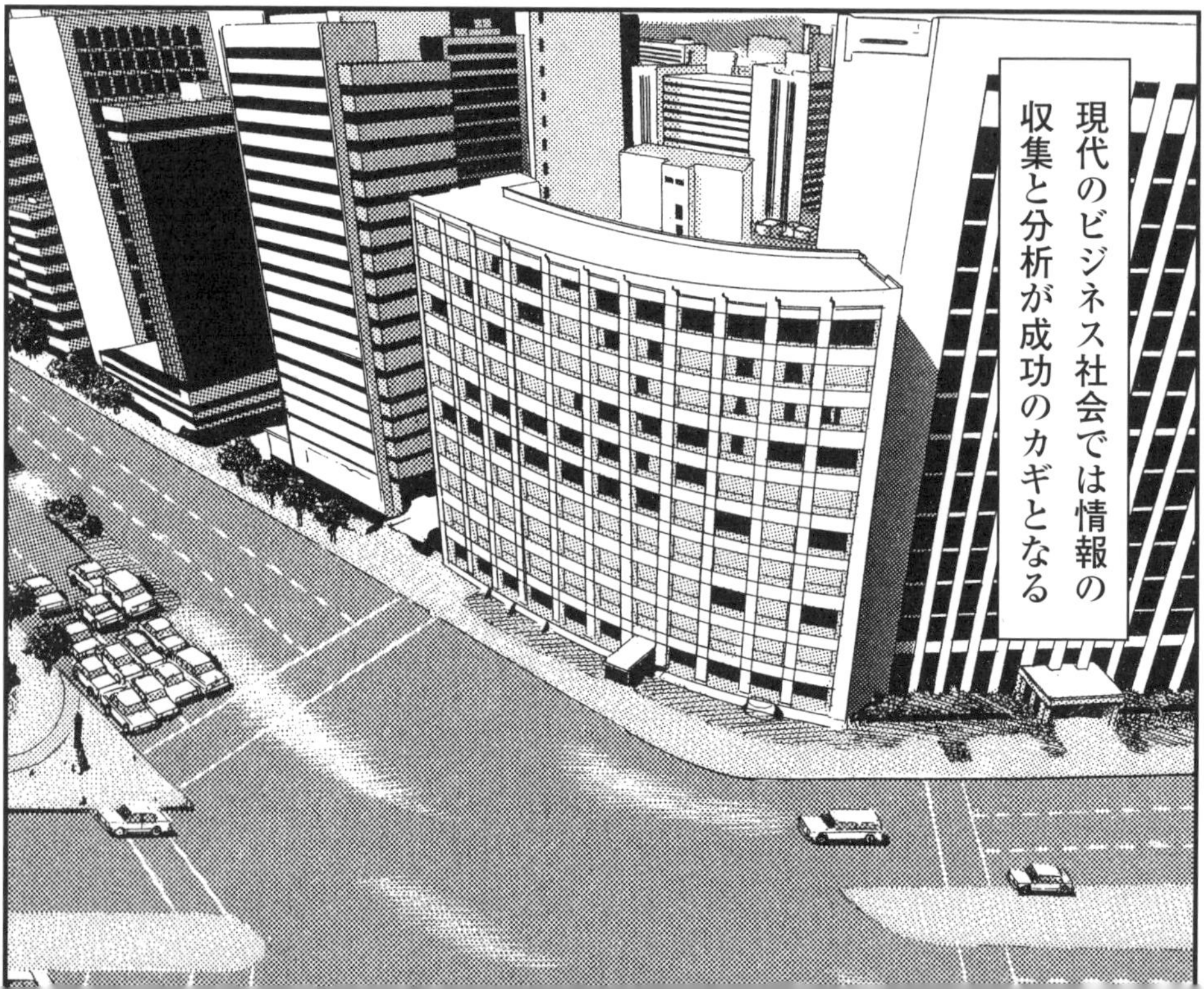
現代のビジネス社会では情報の収集と分析が成功のカギとなる

情報の重要性

実は　S社に関する重要な
情報を入手した　ただ
不確かな点がいくつか…

ついに手に入りましたか！
不明点については
私も調査してみましょう

情報収集力が成功のカギを握る

新製品に関する
他社の情報が欲しい
今回の新規事業は　君の情報
収集力にかかっているよ
がんばり
ます

回事前の情報収集が重要

「敵の情報を知らざる者は、不仁《ふじん》の至りなり」

訳 敵情を知ろうとしないのは、不仁（民衆を愛しあわれまないこと）甚だしいものだ

用間篇の「間」とは、スパイのこと。『孫子』は事前の敵情探知、情報収集（諜報活動）の重要性を説く。

情報収集が大事なのは、ビジネスも同じだ。何事も事前に必要な情報を収集することが求められる。たとえば、新商品開発の場合、商品の市場やニーズ、競合他社の状況等の情報を入手する。また営業であれば、営業先の情報を事前に手に入れておく。そして、収集した情報を分析し、その後のビジネスに活用していくのだ。

事前に情報を入手

T社は新規のクライアントになるかもしれない
事前にT社の情報を入手しておくんだ 内密にな
わかりました 内密に情報を集めてみます

事前の情報収集が重要！

新商品開発の場合、商品の市場やニーズ、競合他社の動向をチェックする。

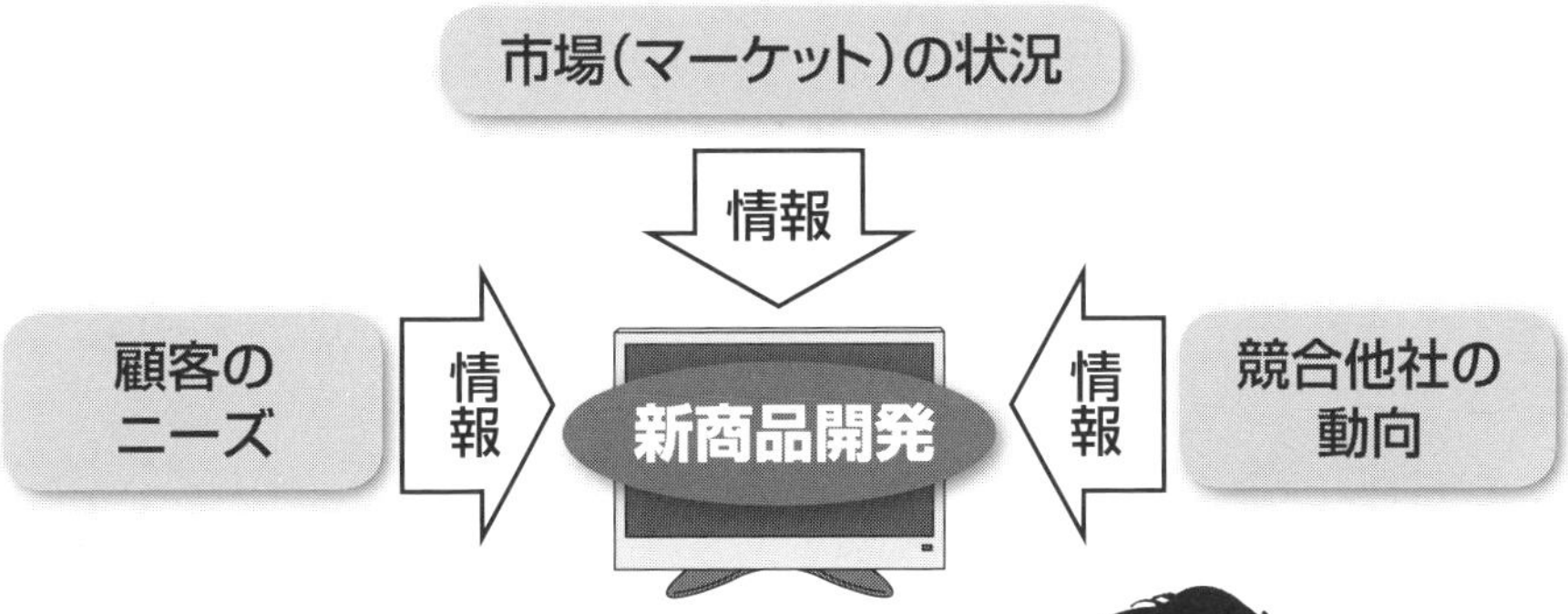
市場（マーケット）の状況
情報
顧客のニーズ
情報
新商品開発
情報
競合他社の動向

情報社会といわれるようになってからは、情報収集力がますます求められている。それに伴い、集めた情報をうまく活用できるように分析する能力も必要だ。

読み下し文

而《しか》るに爵禄《しゃくろく》・百金を愛《お》しんで**敵の情を知らざる者は、不仁《ふじん》の至りなり。**人の将に非ざるなり。主の佐に非ざるなり。勝の主に非ざるなり。

ビジネスに活かす 孫子の教え

情報収集が重要。事前に必要な情報を収集しておかなければならないのだ。

「必ず人に取りて敵の情を知る者なり」

訳 必ず人（間者）に頼ってこそ、敵情を探ることができるのだ

『孫子』は、神に祈ったりする神秘的な方法や過去の経験で敵情を知ることはできず、人、スパイによって探り出すのだという。

ビジネスにおいて、ときには過去の経験や「勘」が役立つこともあるかもしれない。しかし、そういったものに頼りすぎてはならない。それよりも事前に情報を収集し、それを分析することを考えるべきだ。情報が大事なのは『孫子』の時代も今も同じだ。だが、現代は情報過剰な時代。世の中に情報が溢れている。多くの情報の中から、確かで有益な情報を選択する力も求められるのだ。

勘に頼らない

勘ですよ　勘
女の勘
それに
占いにも出てたし…
間違いないわ
勘？　それに占いだと？
何を言っているんだ
それよりも情報収集だ
顧客の意見を
集めてくるんだ！

勘に頼るよりも事前の情報収集！

勘に頼るよりも、事前に情報収集し、
分析することが大切。

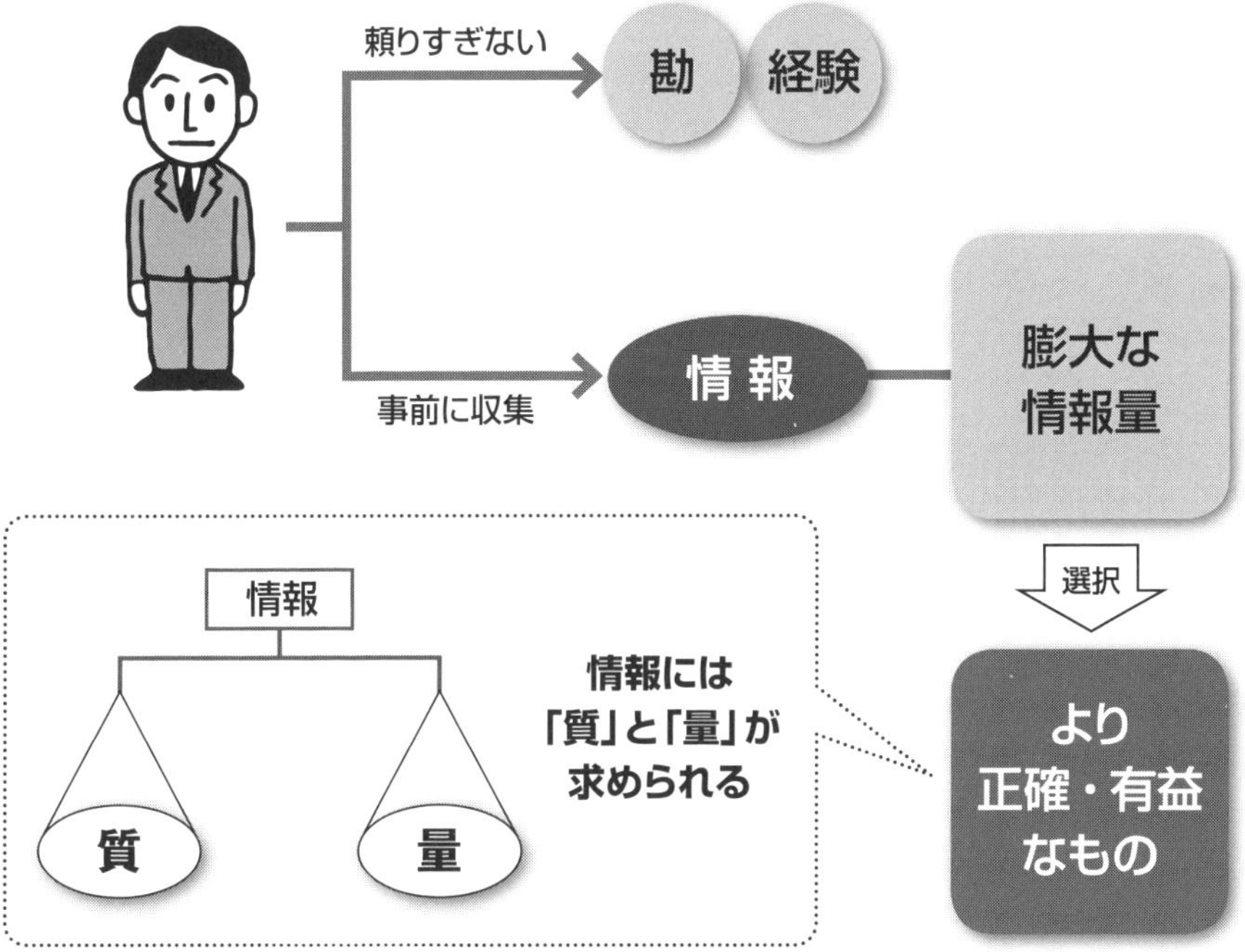
頼りすぎない
勘
経験
事前に収集
情報
膨大な
情報量
選択
より
正確・有益
なもの
情報
質
量
情報には
「質」と「量」が
求められる

ビジネスに活かす
孫子の教え

勘などに頼りすぎてはいけない。それよりも事前に情報を集め、それをいかに選択するかが大事なのだ。

読み下し文

故に明主賢将の動きて人に勝ち、成功の衆に出《い》ずる所以《ゆえん》の者は、先知なり、先知なる者は鬼神に取るべからず、事に象《かたど》るべからず、度に験すべからず。**必ず人に取りて敵の情を知る者なり。**

回情報の管理は厳重に

「事は間より密なるは莫《な》し」

訳 間者（スパイ）の仕事はもっとも秘密にする必要がある

『孫子』は、スパイは信頼できる人物で、最高の待遇を与え、活動はもっとも秘密にする必要があるという。

ビジネスに置き換えると、情報収集には人材、資金を投入し、情報の管理は厳重に行うこと、といえよう。情報がビジネスを大きく左右する分、その情報の取り扱いは慎重に行わなければならない。大事な情報が外部に漏洩《ろうえい》することがないよう十分に注意したい。情報は、その管理も重要なのだ。

情報の取り扱いは慎重に

わが社の機密情報がS社に漏洩しているようだ心当たりはないか？

えっまさか…

情報の管理は厳重に

情報収集には人材、資金を投入し、情報の取り扱いは慎重に、その管理は厳重に行う。

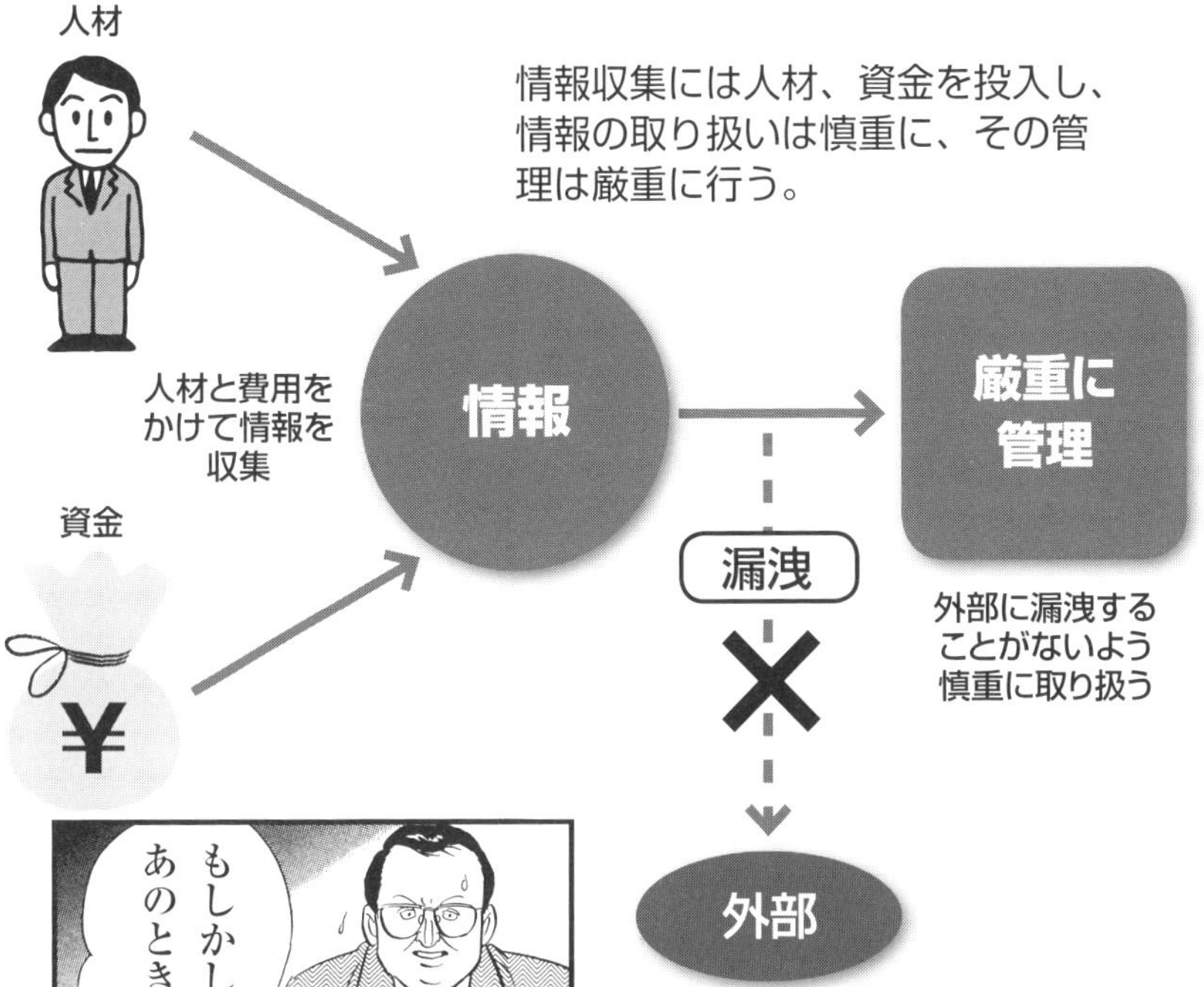
人材
資金
人材と費用をかけて情報を収集
情報
厳重に管理
外部に漏洩することがないよう慎重に取り扱う
漏洩
外部
情報漏洩がないよう十分に注意

もしかしたらあのときに…

ビジネスに活かす孫子の教え

情報が外部に漏洩することがないよう、情報の取り扱いは慎重に、その管理は厳重に行わなければならないのだ。

読み下し文

故に三軍の親《しん》は間《かん》より親しきは莫《な》く、賞は間より厚きは莫く、**事は間より密なるは莫し。**

「明主賢将のみ能《よ》く上智を以《もっ》て間者と為して、必ず大功を成す」

訳 聡明な君主や優れた将軍のみが、優れた智謀の持ち主を間者（スパイ）として起用し、大きな成功を収めるのだ

情報員（スパイ）には優れた人材を起用すること、と『孫子』は説く。

ビジネスにおいても大事なところには優れた人材を使う。新規事業、新しい分野への進出など、重要な事業には優秀な人材を投入し、態勢をととのえるのだ。

もし、社内に該当する人材がいない場合は、社外からの人材のスカウトも方策のひとつ。その分野に精通した優れた人材を外部から招き、起用するのが有効な場合もあるだろう。

大事なところには優秀な人材を起用

金銀の動きは
彼がやってくれます
彼は他社から引き抜いた
経理のスペシャリストですから
梶原さんの秘書を
やらせることにしました

がんばり
ます

社外からの人材のスカウトが有効な場合もある。

大事な事業には、優れた人材を投入する

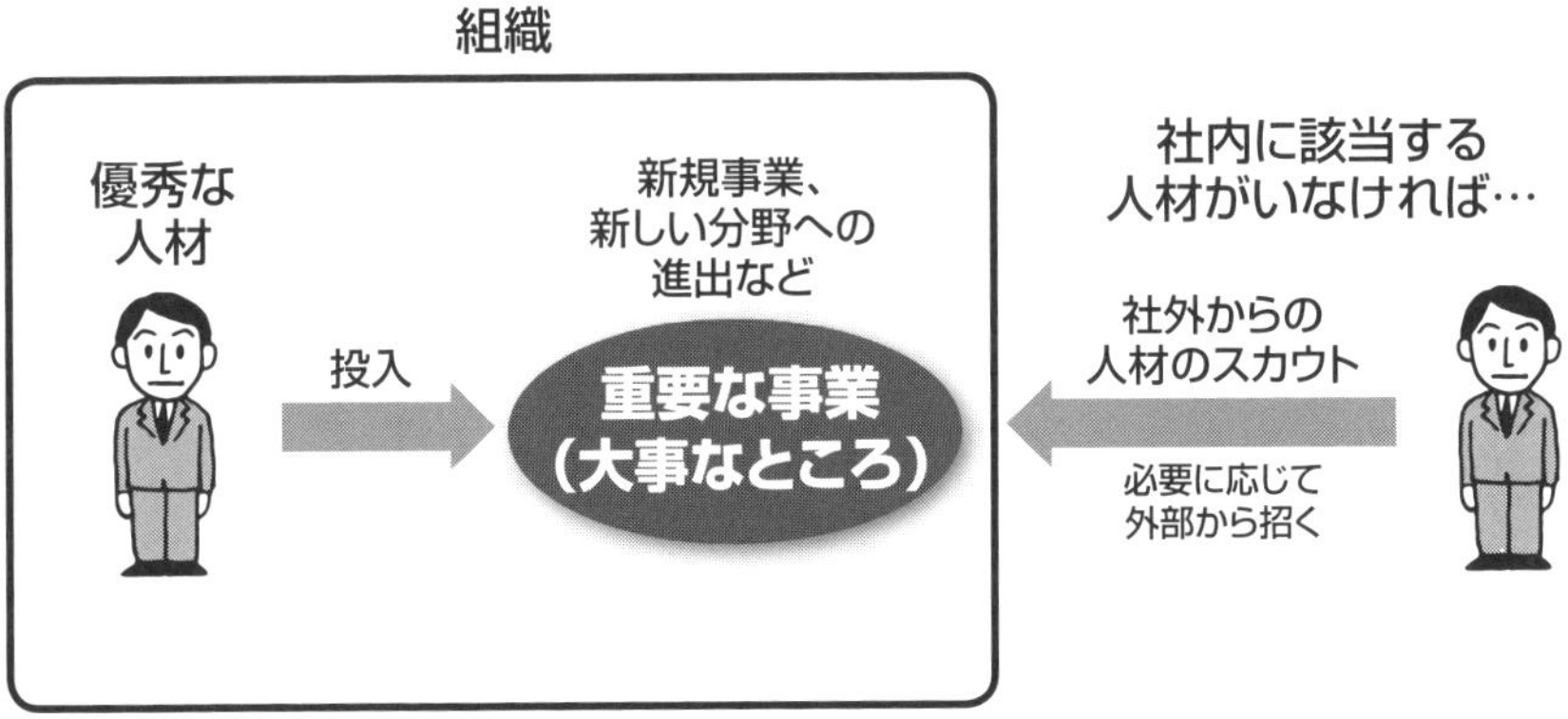
組織
優秀な人材
投入
新規事業、新しい分野への進出など
重要な事業（大事なところ）
社内に該当する人材がいなければ…
社外からの人材のスカウト
必要に応じて外部から招く

重要な事業には優れた人材を起用する。必要に応じて、外部から招くのも有効な手段だ。

大事な事業には優秀な人材を。

今回の新規プロジェクトには社運がかかっている
ぜひ君に担当してもらいたい

読み下し文

故に惟《た》だ**明主賢将のみ能《よ》く上智を以《もっ》て間者と為して、必ず大功を成す。**此《こ》れ兵の要にして、三軍の恃《たの》みて動く所なり。

ビジネスに活かす孫子の教え

重要な事業、大事なところには、優秀な人材を起用する。場合によっては外部からの投入も有効だ。

前田信弘（まえだ　のぶひろ）

経営コンサルタント。ファイナンシャル・プランナー。

長年、幅広くビジネス教育に取り組むとともに、さまざまなジャンルで執筆・コンサルティング活動を行う。あわせて歴史や古典などをビジネス・経営に活かす研究にも取り組んでいる。著書多数。

主な著書

『知識ゼロからの会社の数字入門』（幻冬舎）、『一発合格！FP技能士３級完全攻略テキスト』『一発合格！FP技能士３級完全攻略実戦問題集』『一発合格！FP技能士２級AFP完全攻略テキスト』『一発合格！FP技能士２級AFP完全攻略実戦問題集』『一発合格！FP技能士３級らくらく要点暗記＆一問一答』『トコトンやさしい日商簿記３級テキスト＆問題集』『図解でわかる得する住宅ローン借り方・返し方』（以上、ナツメ社）、『ＦＰ技能士３級完全合格教本』（新星出版社）、『３カ月で合格！FP技能士 最短合格の時間術・勉強術』（インデックス・コミュニケーションズ）ほか多数。

●参考文献

『孫子』金谷治（岩波書店）

『孫子』浅野裕一（講談社）

『孫子の兵法』守屋洋（三笠書房）

『孫子の兵法がわかる本』守屋洋（三笠書房）

『孫子を読む』浅野裕一（講談社）

『孫子・呉子（新版）』天野鎮雄（明治書院）

『図解「孫子の兵法」に学ぶ最強の仕事術』ビジネス兵法研究会（PHP研究所）

『なるほど！「孫子の兵法」がイチからわかる本』現代ビジネス兵法研究会（すばる舎）

『絵でみる　孫子の兵法』廣川州伸（日本能率協会マネジメントセンター）

弘兼憲史（ひろかね　けんし）

1947年山口県生まれ。早稲田大学法学部卒。松下電器産業販売助成部に勤務。退社後、1976年漫画家デビュー。以後、人間や社会を鋭く描く作品で、多くのファンを魅了し続けている。小学館漫画賞、講談社漫画賞の両賞を受賞。代表作に、『課長　島耕作』『部長　島耕作』『加治隆介の議』ほか多数。『知識ゼロからのワイン入門』『さらに極めるフランスワイン入門』『知識ゼロからのカクテル＆バー入門』『知識ゼロからのビジネスマナー入門』『知識ゼロからの決算書の読み方』『知識ゼロからの敬語マスター帳』『知識ゼロからの企画書の書き方』『知識ゼロからの手帳術』（以上、幻冬舎）などの著書もある。

装幀　石川直美（カメガイ デザイン オフィス）
装画　弘兼憲史
本文漫画　『課長 島耕作』『部長 島耕作』『ヤング 島耕作』『ヤング 島耕作 主任編』（講談社刊）より
本文イラスト　宮下やすこ
本文デザイン　高橋デザイン事務所（高橋秀哉）
編集協力　ヴュー企画（須藤和枝　近持千裕）
編集　福島広司　鈴木恵美（幻冬舎）

知識ゼロからの孫子の兵法入門

2009年7月25日　第1刷発行

著　者　弘兼憲史　前田信弘
発行人　見城　徹
編集人　福島広司

発行所　株式会社 幻冬舎
〒151-0051　東京都渋谷区千駄ヶ谷4-9-7
電話　03-5411-6211（編集）　03-5411-6222（営業）
振替　00120-8-767643
印刷・製本所　株式会社 光邦

検印廃止

ISBN978-4-344-90161-2 C2095
Printed in Japan
幻冬舎ホームページアドレス　http://www.gentosha.co.jp/
この本に関するご意見・ご感想をメールでお寄せいただく場合は、comment@gentosha.co.jpまで。